U0228991

创意服装设计系列

丛书主编 李正

中外服饰史

李正 吴艳 杨妍 王钠 编著

化学工业出版社
·北京·

内容简介

本书从服装历史发展入手，以大量考古实物资料为基础，以时间为线索，详细解读中外服饰发展脉络。本书将中国与外国的服装及配饰文化有机联系在一起，进行了跨文化的对比阐述，梳理不同时代、文化背景影响下的服饰变迁，探讨其普遍规律。同时本书对学习服饰史、理解时尚流行，以及有效利用中外服饰元素，学以致用地进行时装设计具有极大的参考意义和实用价值。

本书既可作为各大高等院校服装设计及相关专业的教学用书，也可作为服饰欣赏类图书供服饰爱好者参阅。

图书在版编目 (CIP) 数据

中外服饰史 / 李正等编著．—北京：化学工业出版社，2022.9

（创意服装设计系列 / 李正主编）

ISBN 978-7-122-41713-8

Ⅰ．① 中… Ⅱ．① 李… Ⅲ．① 服饰 - 历史 - 世界 Ⅳ．① TS941-091

中国版本图书馆 CIP 数据核字（2022）第 107640 号

责任编辑：徐　娟　　文字编辑：刘　璐　　装帧设计：中图智业
责任校对：李雨晴　　封面设计：刘丽华

出版发行：化学工业出版社（北京市东城区青年湖南街 13 号　邮政编码 100011）
印　　装：中媒（北京）印务有限公司
787mm×1092mm　1/16　印张 13　字数 300 千字　2023 年 2 月北京第 1 版第 1 次印刷

购书咨询：010-64518888　　售后服务：010-64518899
网　　址：http://www.cip.com.cn
凡购买本书，如有缺损质量问题，本社销售中心负责调换。

定　　价：88.00 元
版权所有　违者必究

序

服装艺术属于大众艺术，我们每个人都可以是服装设计师，至少是自己的服饰搭配设计师。但是，一旦服装艺术作为专业教学，就一定需要具有专业的系统性理论以及教学特有的专业性。在专业教学中，教学的科学性和规范性是所有专业教学都应该追求和不断完善的。

笔者从事服装专业教学工作已有 30 多年，一直以来都在思考服装艺术高等教育教学究竟应该如何规范、教师在教学中应遵循哪些教学的基本原则，如何施教才能最大限度地挖掘学生的潜在智能，从而培养出优秀的专业人才。因此我在组织和编写本丛书时，主要是基于以下基本原则进行的。

一、兴趣教学原则

学生的学习兴趣和对专业的热衷是顺利完成学业的前提，因为个人兴趣是促成事情成功的内因。培养和提高学生的专业兴趣是服装艺术教学中不可或缺的最重要的原则之一。要培养和提高学生的学习兴趣和对专业的热衷，就要改变传统的教学模式以及教学观念，让教学在客观上保持与历史发展同步乃至超前，否则我们将追赶不上历史巨变的脚步。

意识先于行动并指导行动。本丛书强化了以兴趣教学为原则的理念，有机地将知识性、趣味性、专业性结合起来，使学生在轻松愉快的氛围中不仅能全面掌握专业知识，同时还能了解学习相关学科的知识内容，从根本上培养和提高学生对专业的学习兴趣，使学生由衷地热爱服装艺术专业，最终一定会大大提高学生的学习效率。

二、创新教学原则

服装设计课程的重点是培养学生的设计创新能力。艺术设计的根本在于创新，创新需要灵感，而灵感又源于生活。如何培养学生的设计创造力是教师一定要研究的专业教学问题。

设计的创造性是衡量设计师最主要的指标，无创造性的服装设计者不能称其为设计师，只能称之为重复劳动者或者是服装技师。要培养一名服装技师并不太难，而要培养一名服装艺术设计师相对来说难度要大很多。本丛书编写的目的是培养具备综合专业素质的服装设计师，使学生不仅掌握设计表现手法和专业技能，更重要的是具备创新的设计理念和时代审美水准。此外，本丛书还特别注重培养学生独立思考问题的能力，培养学生的哲学思维和抽象思维能力。

三、实用教学原则

服装艺术本身与服装艺术教学都应强调其实用性。实用是服装设计的基本原则，也是服装设计的第一原则。本丛书在编写时从实际出发，强化实践教学以增强服装教学的实用性，力求避免纸上谈兵、闭门造车。另外，我认为应将学生参加国内外服装设计与服装技能大赛纳入专业教学计划，因为学生参加服装大赛有着特别的意义，在形式上它是实用性教学，在具体内容方面它对学生的创造力和综合分析问题的能力有一定的要求，还能激发学生的上进心、求知欲，使其能学到在教室里学不到的东西，有助于开阔思路、拓宽视野、挖掘潜力。以上教学手段不仅能强调教学的实用性，而且在客观上也能使教学具有实践性，而实践性教学又正是服装艺术教学中不可缺少的重要环节。

四、提升学生审美的教学原则

重视服饰艺术审美教育，提高学生的艺术修养是服装艺术教学应该重视的基本教学原则。黑格尔说：审美是需要艺术修养的。他强调了审美的教育功能，认为美学具有高层次的含义。服装设计最终反映了设计师对美的一种追求、对于美的理解，反映了设计师的综合艺术素养。

艺术审美教育，除了直接的教育外往往还离不开潜移默化的熏陶。但是，学生在大的艺术环境内非常需要教师的“点化”和必要的引导，否则学生很容易曲解艺术和美的本质。因此，审美教育的意义很大。本丛书在编写时重视审美教育和对学生艺术品位的培养，使学生从不同艺术门类中得到启发和感受，对于提高学生的审美力有着极其重要的作用。

五、科学性原则

科学性是一种正确性、严谨性，它不仅要具有符合规律和逻辑的性质，还具有准确性和高效性。如何实现服装设计教学的科学性是摆在每位专业教师面前的现实问题。本丛书从实际出发，充分运用各种教学手段和现代高科技手段，从而高效地培养出优秀的高等服装艺术专业人才。

服装艺术教学要具有系统性和连续性。本丛书的编写按照必要的步骤循序渐进，既全面系统又有重点地进行科学的安排，这种系统性和连续性也是科学性的体现。

人类社会已经进入物联网智能化时代、高科技突飞猛进的时代，如今服装艺术专业要培养的是高等服装艺术专业复合型人才。所以服装艺术教育要拓展横向空间，使学生做好充分的准备去面向未来、迎接新的时代挑战。这也要求教师不仅要有扎实的专业知识，同时还必须具备专业之外的其他相关学科的知识。本丛书把培养服装艺术专业复合型人才作为宗旨，这也是每位专业教师不可推卸的职责。

我和我的团队将这些对于服装学科教学的思考和原则贯彻到了本丛书的编写中。参加本丛书编写的作者有李正、吴艳、杨妍、王钠、杨希楠、罗婧予、王财富、岳满、韩雅坤、于舒凡、胡晓、孙欣晔、徐文洁、张婕、李晓宇、吴晨露、唐甜甜、杨晓月等18位，他们大多是我国高校服装设计专业教师，都有着丰富的高校教学经验与著书经历。

为了更好地提升服装学科的教学品质，苏州大学艺术学院一直以来都与化学工业出版社保持着密切的联系与学术上的沟通。本丛书的出版也是苏州大学艺术学院的一个教学科研成果，在此感谢苏州大学教务部的支持，感谢化学工业出版社的鼎力支持，感谢苏州大学艺术学院领导的大力支持。

在本丛书的撰写中杨妍老师一直负责与出版社的联络与沟通，并负责本丛书的组织工作与书稿的部分校稿工作。在此特别感谢杨妍老师在本次出版工作中的认真、负责与全身心的投入。

李正　于苏州大学

2022年5月8日

前言

服饰，是文明与文化的一种载体。从古至今无论哪个国家、地区、民族都有各自独特的服饰文化。了解它们，是素质教育的补充，更是专业教育的必需！

当代服饰既是遮衣蔽体的商业化产品，也是传播精神信息的物质化载体。在当今社会，优秀的服装设计作品大都是立足于对本土优秀传统服饰的传承，并反映社会发展。回顾人类璀璨的服饰历史，我们会发现每个时代的服饰都承载着这个时代政治、思想、文化的变迁。因此，学习服饰的历史不仅要了解服饰的外部形制，更应关注其时代背景，分析并理解不同时期服饰的内在文化精神。

本书将时代划分为上古、中古、近古、近代、现代和当代。这一划分可以追溯到 19 世纪末的日本史学家，其中以桑原骘藏所著教科书《东洋史要》(日文本名《中等东洋史》)最具代表性。该书根据中国汉民族发展大势，参考旁近各族盛衰，将中国通史分为上古期、中古期、近古期、近世期四期：第一为上古期，为汉族增势时代，即秦统一之前；第二为中古期，为汉族盛势时代，即秦统一后至唐灭亡；第三为近古期，为蒙古族最盛时代，谓自五代至清代兴盛时期；第四为近世期，为欧人东渐时代，自清初至今日。这一时期划分很快在中国盛行，并为早期学校讲授历史，或学校编撰教科书时所采用。本书也采用了上古期、中古期、近古期、近世期分期的方法对服饰的历史进行讲解，但是对于近世期做了更为详细的划分，把近世期细分为近代、现代、当代三个阶段。但本书并未讲述当代服饰内容，笔者计划单独出版当代服饰史类书籍，对当代服饰做全面深入分析。

本书在章节的安排上将每章分为中西方两个部分，以便读者能够更好地比较同一时期中西方的服饰差异。中西方因社会性质、人文环境、发展历程的不同，人的审美也产生较大的差异，这也导致了中西方服饰文化两种不同的发展路径。中国历经了几千年的封建社会，服饰大都被作为权力与等级的象征，以儒家学说为代表的封建思想对服饰文化的发展有着根深蒂固的影响。而在西方，文艺复兴前的服饰文化受到宗教思想的严重侵蚀，当时的宗教强调泯灭人性，注重服饰保守与表现人体美的思想一直在矛盾与冲突中发展。直至文艺复兴后“人本主义”思想成为主导，影响了西方传统的服饰观念，人们才开始关注人体美，西方服饰由此从二维平面向立体化方向发展。工业革命后，西方的服饰不再是过分表达美的产物，实用性在西方服饰观念中得到重视。

民国后的中国服饰，逐渐受到西方文化的影响，中西方服饰文化开始进入交融阶段。20 世纪后期的中国，随着改革开放的步伐，中国的时尚行业也得到了迅速发展，逐渐与世界接轨，国际时尚舞台上开始涌现出一批华人设计师。当今，越来越多的人热爱中国服饰文化，中国主题的服饰也日渐受到各国年轻人的追捧。中西方服饰文化呈现出在融合中发展的蓬勃面貌。

本书由李正、吴艳、杨妍、王钠共同编著。其中李正教授负责全书的编排、统稿与修正，第一章、第二章（第二节）、第三章（第一节）由吴艳编著；杨妍编著第五章，并负责全书的排版、图片与文字审校；第二章（第一节）、第三章（第二节）、第四章由王钠编著。另外，苏州城市学院唐甜甜老师、苏州大学王巧老师、苏州市职业大学张鸣艳老师、嘉兴职业技术学院王胜伟老师，以及苏州大学艺术学院研究生余巧玲、岳满等积极地为本书的编著提供了大量的资料，同时也花费了大量的时间和精力。在本书的编著和出版过程中还得到了苏州大学艺术学院、苏州大学艺术研究院、嘉兴职业技术学院、湖州师范学院艺术学院、苏州市职业大学艺术学院以及苏州高等职业技术学校的领导和相关教师的大力支持。我们在编著过程中还参考了大量的有关著作及网络资料，这也是我们能完成这本书的重要原因之一，在此向相关作者表示感谢。

在编著本书的过程中，我们力求具有鲜明的科学性与时代特色，做到资料翔实，可读性强，突出专业特征与职业化特点。但是面对历史问题，国内外专家向来有不同的看法与观点，本书虽然参考了众多文献资料，但书中难免有一些不完善的地方，敬请专家学者对本书的不足和偏颇之处不吝赐教，以便再版时修订。

编著者

2022 年 10 月

目 录

第一章
上古服饰

中国的上古史一般记录的是秦朝建立以前的历史，同一时期还有古埃及文明、两河流域文明、古希腊文明、古罗马文明。在这一时期，人类以兽皮裹身，是创造衣服的第一步，随着纺织和缝纫技术的不断发明，人类开始根据功能和审美的要求制作服装。因此，上古时期是服饰诞生的萌芽阶段，对于服装设计从业者和读者而言，若想了解服饰与服饰文化势必要了解这一时期的历史。

针对服饰起源的问题，国内外学术界观点不一，众说纷纭，主要可以归为以下三种观点：①站在人类心理需求的角度，有服饰起源的审美说、遮羞说、性吸引说、巫术说、标识说等；②站在人类生理需求的角度，有服饰起源御寒说、防虫说、护体说等；③ 站在人类进化的角度，有服饰起源劳动说、工具说等。以上各类关于服饰起源的说法笔者均表示赞同，笔者认为服饰作为人类最早诞生的文明之一，其起源不应归于一说，而是受到多种因素的影响，但其中服饰的御寒作用当为关键因素之一，主要归因于原始时期正处于第四纪冰河期气候寒冷，在早期人类思想认识不发达的阶段，生理需求的满足应是必不可少的。因此在全书的叙述中，把御寒说作为服饰产生的代表性因素加以阐述。

第一节　中国上古服饰

中国上古时期包含原始社会、夏、商、西周、春秋战国几个历史阶段，这个时期在社会性质上发生了由原始社会到奴隶社会的转变，为之后长达两千多年的封建统治打下了基础。在这个思想活跃和社会动荡的时期，中国服饰得到了快速发展，作为社会精神文化和物质文化的表征，它曾一度以“礼教”为中心，对维护当时的社会秩序产生了重要的作用。

上古服饰是中国服饰史的奠基阶段，一些中国服饰的基本形制在这一时间段逐步走向成熟，只是由于服饰材料远不及陶器、玉器、铜器那般永存不朽，因此相对而言服饰实物的资料较少，只能从出土文物中的装饰画或其他器皿纹饰中了解。

一、中华服饰的起源

1. 中华服饰的起源背景

据考证，中国是古人类的发源地之一。在距今约 30 万年前，原始人类开始用兽皮御寒，御寒功能是人类创造服饰的重要因素之一。在中国的新、旧石器时代，人类创造性地发明了早期的缝纫和纺织技术，直至旧石器时代晚期，人们才制作出了最早的服饰品。北京周口店山顶洞人遗址出土了一枚骨针，针长82mm，针尾端直径3.1mm，这枚骨针也是中国目前所知最早的缝纫工具了（图1-1）。由此，可以推测出距今约3万年的山顶洞人时期是中国服装史的发祥期。从出土的骨针以及一些饰品中可以看出，当时的人们已经学会使用骨针缝制兽皮的衣服，并用兽牙、骨管、石珠等做成串饰进行装扮，随着新石器时代的到来，人们开始搭建房屋，逐渐改变了原来的穴居生活方式。早期纺织技术的出现，使人们开始形成穿衣戴冠的意识，在湖北石家河遗址中出土了陶质纺轮（图1-2），浙江河姆渡文化遗址也出土了一些骨梭、木机等早期的纺织工具。

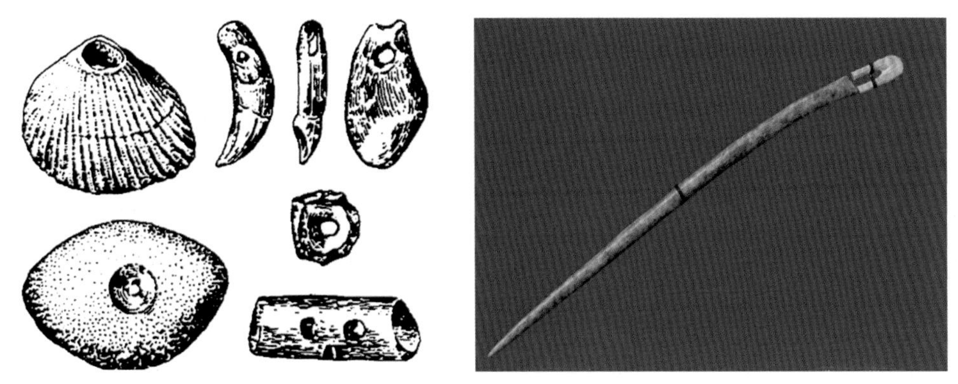

图1-1　山顶洞人的骨针及饰品

图1-2　湖北石家河遗址出土的陶纺轮

2. 原始时期的服饰

由于原始社会时期的纺织品及服饰品实物很难保存到现在，因此，凭借当时一些陶器、雕塑上的纹样来分析与推断那时人们的着装特征是研究原始社会服饰品的重要依据。由于那时的人们依赖于自然生存且对自然的认知并不充分，他们把自然界中的某些现象归结于神的意志，在这样的自然崇拜背景下，祭祀便成为当时非常重要的仪式，巫师的地位也非常高，巫师的服饰也是研究原始社会时期服饰的重点参考对象。从出土陶器的彩绘纹样中可以看到，这个时期的人们对于发饰、头饰、面饰是非常重视的，史学家们推测这些配饰可能是巫术活动中重要的道具。西安半坡遗址出土了人面鱼纹彩陶盆（图 1-3）。在陶盆内侧的彩绘中，人面头上戴着尖顶高冠，在脸的两侧附有鱼形装饰。面部绘有纹饰，可能是当时流行文面的习俗。据相关学者研究，鱼纹可能是我们的祖先祈求生殖繁衍与生活富裕的图腾，不一定是当时服饰的反映。戴冠饰是远古以来中华服饰文化的重要特征，在以后中国的服饰发展进程中冠饰一直是服饰的重要组成部分。

在目前已出土的原始社会时期的彩陶中可以清晰、直观地反映服装的不多，只能通过图案大体分析出当时服饰的特征。例如，1995 年青海马家窑遗址出土的舞蹈纹彩陶盆（图 1-4），在其内饰彩绘中描绘了类似手拉手跳舞的场景，人们穿着类似窄袖的紧身长及于膝的服装，脑后似梳着发辫，腿侧有一斜线似为腰间所系的绳带或服饰上的兽尾。从这些类似的陶器纹样中可以推断，当时人们的服装款式基本应该为上衣下裳相连，长过于膝，腰间束带的服装，属于贯头衣类。贯头衣也是西方早期服饰的基本款式，这说明中西方服饰在早期是有一些相似之处的。此外，在青海同德县巴沟乡宗日文化遗址又发现了一件舞蹈纹彩陶盆，根据陶盆纹彩推测，所画舞人均穿紧身上衣，下穿呈半球形膨起的及膝短裙（图 1-5）。

图 1-3　人面鱼纹彩陶盆

图 1-4　马家窑文化舞蹈纹彩陶盆

图 1-5　宗日文化舞蹈纹彩陶盆

3. 原始时期的纺织面料

从一些典型新石器时代遗址出土的实物来看，麻织物是新石器时代人们的重要衣料。河姆渡文化遗址出土了 6900 年前的苘麻绳子，山西仰韶文化遗址出土了底部带有麻布或编织物痕迹的陶器，可以看出当时的织物有平纹、斜纹等混合编织法。除此之外，中国染织工艺也有极悠久的历史，陕西华县仰韶文化遗址中发现有朱红色麻布残片，证明此时已对织物进行染色。浙江吴兴钱山漾良渚文化遗址中出土了绸片、丝带、丝线等尚未碳化的丝麻织物，成为人类早期利用蚕丝纺织的实例，印证了中国是养蚕缫丝最早的国家。古史传说中谓“黄帝造衣裳，嫘祖教民育蚕”，正是此种工艺萌芽的一种反映。这一时期各地遗址出土的大量骨针和陶纺轮，证明纺织工艺已具雏形。

4. 原始时期的配饰

进入新石器时代，工具的进步使玉、石、骨、角类配饰的制作工艺得到提升，创造了许多美化生活的配饰。当时的一些配饰除了实用性以外也被赋予了特殊的含义，其中部分与巫术活动有关，展现了人类精神领域的拓宽与审美的发展。

原始时期在发饰上出现了笄和栉，笄用来固定发髻（图 1–6），栉则用以梳理头发，是梳篦的总称。这一时期的梳不仅用于头发梳理，还插于发髻作为装饰。山东泰安出土的象牙梳（图 1–7），以平行三道条孔镂空成 S 形花纹，中间有两组 T 形纹，界框也由镂空条纹构成，下端有细密梳齿 17 根，相当规整细致。

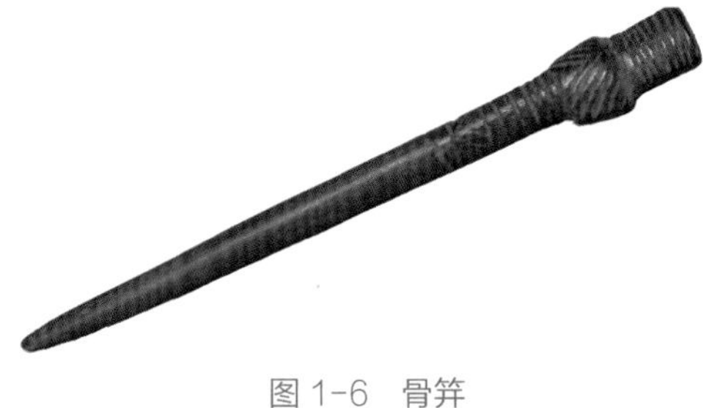

图 1–6　骨笄

图 1–7　象牙梳

新石器时代的耳饰主要有耳环和玉玦。耳环由骨、石、玉等材料制作，用绳穿系在耳孔上。甘肃秦安大地湾仰韶文化遗址中的人头形器口彩陶瓶，耳上的小穿孔就是穿挂耳饰所用的（图 1–8）。玉玦是一种有缺口的玉环，据学者分析，当时人们佩戴时可能是将缺口直接夹在耳朵上，也可能是用绳子系挂在耳孔上（图 1–9）。

图 1–8　人头形器口彩陶瓶

颈饰也是原始时期重要的配饰种类。在旧石器时代，人们一般采用天然物品来制作颈饰，直接把骨管、兽牙、贝壳、砾石等串连挂于颈部。到新石器时代，手工艺的进一步发展，使得颈饰也变得更加精致华美，出现了用玉、石等材料进行细致加工后制成的配饰。江浙一带的良渚文化遗址出土了一批玉质项链，其精美程度超出想象。玉璜是良渚人项串中的主要坠饰，常与玉管串连（图 1–10）。

图 1–9　新石器时代马家浜文化玉玦

原始时期的冠形器物在挖掘出土时常位于头部遗骨一侧，附近还常伴有与串饰、管状装饰相连的玉璜，有的在四周散落不少半瓣状玉粒，似为某种已经腐朽的实体镶嵌物。图 1–11 为浙江良渚文化玉冠形器物。

图 1–10　新石器时代良渚文化玉璜

图 1–11　浙江良渚文化玉冠形器物

二、夏、商、周时期的服饰

大约在公元前 21 世纪，中国建立了夏朝，进入奴隶社会。公元前 17 世纪夏朝为商朝所取代，强化了奴隶主阶级的统治。商朝屡次迁都，至公元前 14 世纪时商王盘庚迁殷（今河南洛阳），商朝进入最强盛时期。商朝社会尊神重鬼，贵富重刑，统治者崇拜与祭祀祖神、杀人殉葬并陪葬大量的珍贵物品。商朝末年，统治集团奢侈腐化，社会矛盾激化，公元前 11 世纪中期周族发兵灭商，建立周朝。

从原始社会到奴隶社会，即从野蛮时代进入文明时代，是人类历史的必然进步。奴隶社会使农业与手工业之间更大规模的分工成为可能。这一时期，奴隶主阶级为了彰显自身的身份与地位，强化了服饰中“礼”制的功能。服饰除了蔽体外，更重要的是被当作划分等级的工具。因此，服饰的款式、色彩、材料自此时期起被蒙上了除了装饰性以外的其他意义。

1. 夏、商、周时期的社会文化背景

夏、商、周时期是中华文明的开端时期，具有从原始社会后期逐渐发展为奴隶社会并向封建社会转型的特点，从约公元前 2070 年夏朝建立，到公元前 770 年东周建立，其间经历了商与西周两个社会相对稳定的时期。夏朝的服饰制度得以形成，经过商朝的发展形成了衣冠制度，服饰被蒙上了深沉、复杂的礼治文化色彩。服饰成为区分贵贱等级的工具，中华民族由此形成了丰富多彩的服饰文化，成为中华文化的重要标志之一。

2. 夏、商、周时期的服装

（1）夏、商、周时期的冕服制度。夏、商、周时期是服饰发展由象征巫术转化为王权政治的重要时期。这一时期天子是国家的最高统帅，统治者以冕服制度为中心制定了等级相应的章服制度（图 1-12）。冕服包括冕服（冕衣）与冕冠（图 1-13、图 1-14），在国家重要的仪式活动中，帝王按不同的礼制标准，着不同的冕服。冕服制度作为统治阶级的礼服从商周时期一直沿用到唐代。

据汉叔孙通《汉礼器制度》载：“周之冕，以木为体，广八寸，长尺六寸，上以玄，下以纁，前后有旒。”周代帝王冕服的大致构成形式包括冕冠、上衣下裳、腰间束带、前系蔽膝，足登舄屦。表 1-1 为中国历代一尺合厘米数一览。

① 冕冠。冕冠是用来搭配冕服的冠饰。其上方的板为綖板，前端呈圆形，后端呈方形，戴在头上时后面略高一些，寓意俯伏谦逊的美德，以笄沿两孔穿发髻固定，两边各垂一珠，叫“充耳”，充耳垂于耳边，意为提醒君王不要轻信谗言。

② 冕服。上衣为玄色、下裳为朱色。上衣为样式宽松的大袖衫，下裳为宽大的长裙。上下绘有章纹，即十二章纹。上衣绣有六章：日月星辰（照临）、山（稳重）、龙（应变）、华虫（华丽）；下裳绣有六章：宗彝（忠孝）、藻（洁净）、火（光明）、粉米（滋养）、黼黻（明辨）。《周礼》中记载，上衣的“章”是绘上去的，下裳的“章”是绣上去的，二者不能混同。

表 1-1　中国历代一尺合厘米数一览

朝代	一尺合厘米数	朝代	一尺合厘米数
商	15.8	北朝	前 25.6，后 30
战国	23.1	隋	29.5
秦	23.1	唐	30.6
西汉	23.1	宋	31.4
东汉	23.1	元	35
魏	24.2	明	32
两晋	24.2	清	32
南朝	24.7	民国	33.3

注：1 丈 =10 尺，1 尺 =10 寸，1 寸 =10 分。

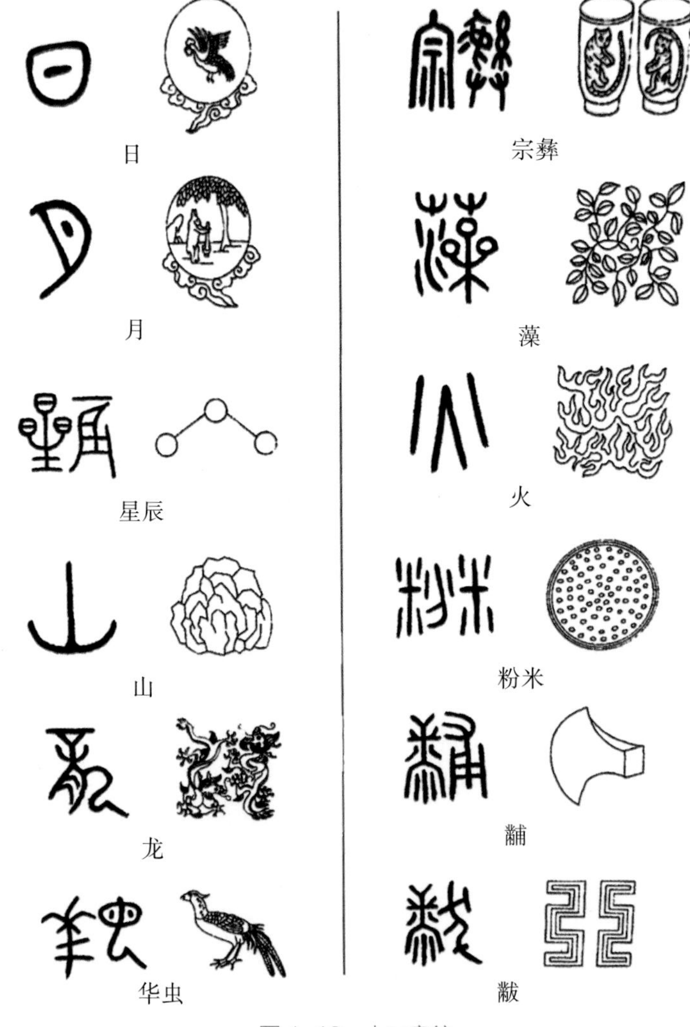

图 1-12　十二章纹

图 1-13　冕服

图 1-14　冕冠

（2）夏、商、周的一般服装。冕服作为礼仪性的服装，有穿着时间与场合的要求。平时的一般着装为玄端、深衣、袍、襦等形制（图 1-15）。

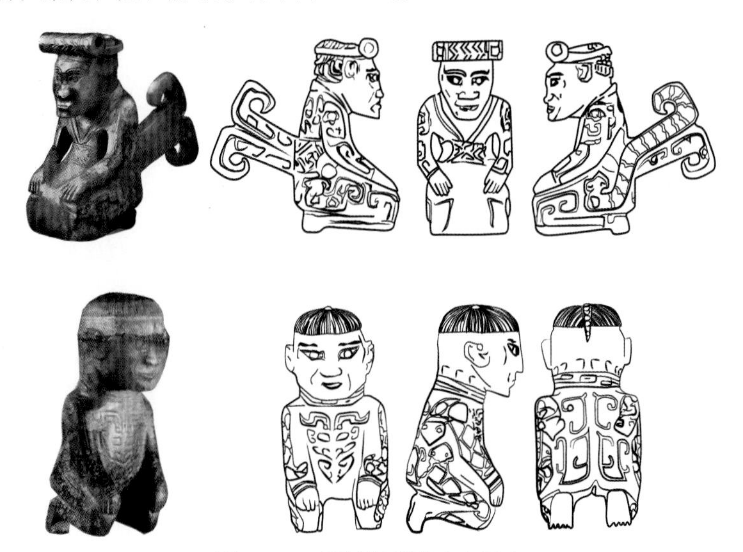
图 1-15　殷墟妇好墓出土玉人

① 玄端。天子与大臣都可以穿，为国家的法服，天子的常服。衣袂长与衣长一般为二尺二寸，玄色，无纹样装饰，正幅正裁，以其端正，所以称为玄端。

② 深衣。是上衣与下裳连在一起的长衣服，但是上下分裁，然后又缝接成长衣。下裳用六幅，每幅又分解为两幅，共裁成十二幅，寓意一年中的十二个月，深衣一般用白布制作，《礼记 · 玉藻》有“朝元端，夕深衣”的记载，可见它是冕服之外的重要服装。

③ 袍。袍也是上衣与下裳连在一起的长衣，但是有衬里。袍虽然是后代礼服的主要形制之一，但是在周代只是作为一种生活便装，不作为礼服。《后汉书 · 舆服志》中有记载“周公抱成王宴居，施袍”，表明袍在当时并不作为正装。

④ 襦。襦是比袍短一些的棉衣。如果是质料很粗糙的襦衣，则称为“褐”，褐为劳动人民的

服装。

3. 夏、商、周时期的配饰

商周时期随着阶级的分化，配饰除了被赋予宗教性的内涵以外，更赋予了阶级的内涵。由于奴隶主阶层对配饰非常重视，还设立了专门的手工作坊来生产。当时的首饰、配饰有骨、角、玉、蚌、金、铜等各种制品，玉制品最为突出。配饰种类也非常丰富，包括发饰、耳饰、颈饰（图 1-16）。这个时期开始受到儒家理念的影响，人们开始流行佩玉，所谓“君子比德于玉”“君子无故，玉不去身”，玉就成为从周天子到奴隶主用以衡量人品格的标志，这种风俗直到汉代都极为流行。笄在周代主要用来固定发髻以及冠帽（图 1-17），男女都可用，商代的梳则主要用来装饰发髻，玦、瑱、珰是当时典型的耳饰。

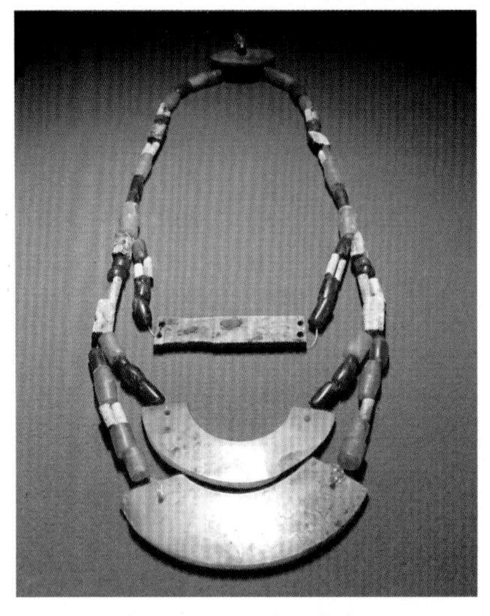

图 1-16　西周玉组佩

图 1-17　商代骨笄

三、春秋战国服饰

1. 春秋战国时期的社会文化背景

公元前 771 年，少数民族西戎攻破周朝定都镐京（今陕西西安），次年周平王迁都洛邑，周朝由此进入东周，东周又分为春秋和战国两个阶段。春秋是奴隶社会走向解体的社会变革时期，周王室衰微，各诸侯国通过战争发展各自的势力，出现诸侯争霸、礼崩乐坏的局面。经过 300 多年的兼并战争，最后进入了七雄争霸的战国时代。这一时期，铁器的使用，加之农耕的改进，促进了生产力的发展，各诸侯国纷纷崛起。一些统治者实行变法，进行政治改革，改变了社会的传统观念。思想上也出现了“百家争鸣”的局面。这一切很快在服饰文化中体现出来，呈现出一派多元化发展的面貌。

2. 春秋战国时期的服装

由于服装很难长期保存，所以目前国内通过考古发现的春秋战国时期的服装实物并不多。因此，还要依赖当时的人物雕塑、绘画等间接资料进行补充。

① 袍服。袍服是春秋战国时期最典型的服装。当时袍服的款式主要有三种：第一种是后领下凹，前领为三角形交领，两袖下斜，袖筒最宽处在腋下，小袖口，这种款式比较实用；第二种则两袖平直，宽袖口，短袖筒，后领上凸、交领，衣身较宽松，这种款式一般穿在最外面；第三种为长袖，袖下呈弧形衣身，较为宽松，这种款式一直沿用到西汉（图 1-18 ~ 图 1-20）。

（a）素纱绵袍

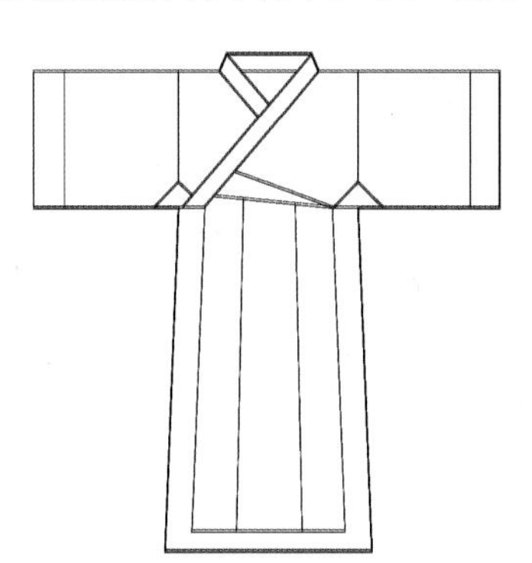

（b）素纱绵袍还原图

图 1-18　素纱绵袍（湖北江陵马山一号墓出土）

（a）凤鸟花卉纹绣浅黄绢面绵袍

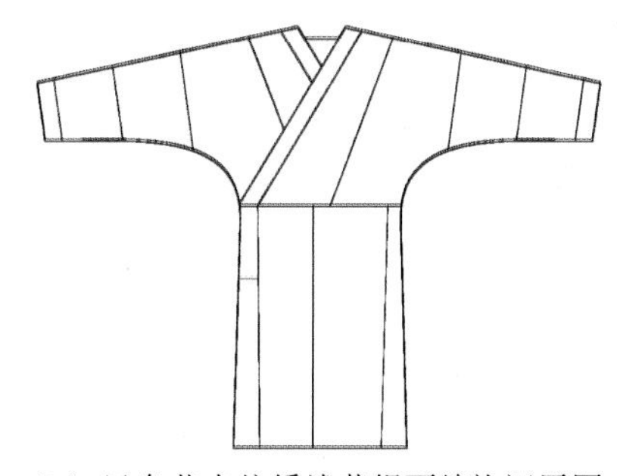

（b）凤鸟花卉纹绣浅黄绢面绵袍还原图

图 1-19　凤鸟花卉纹绣浅黄绢面绵袍（湖北江陵马山一号墓出土）

（a）小菱形纹锦面绵袍

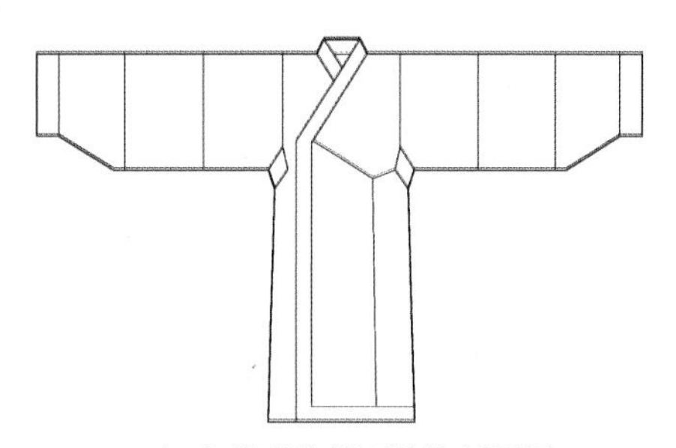

（b）小菱形纹锦面绵袍还原图

图 1-20　小菱形纹锦面绵袍（湖北江陵马山一号墓出土）

以上三种类型均为交领、右衽、直裾袍，上衣和下裳相连。此时的袍服除了直裾袍外，在长沙战国楚墓出土的帛画与木俑中发现，有一种衣襟右侧向后延伸呈三角形的曲裾袍（图 1-21）。这一式样在此后的湖南长沙西汉马王堆一号墓中有发现实物。

（a）战国人物龙凤帛画

（b）战国人物龙凤帛画还原图

图 1-21 战国帛画

② 襌衣。款式与袍服相似，是一种交领、右衽、上衣与下裳相连，袖子呈弧形的直裾长衣（图 1-22）。

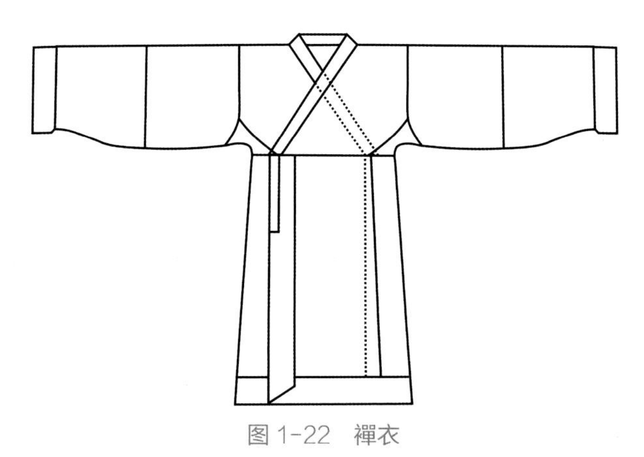

图 1-22 襌衣

③ 夹衣。夹衣是一种衣长至膝盖，交领、右衽、上衣与下裳相连的直裾长衣。

④ 緅衣。緅衣是一种洗澡时披的浴衣。在领子、门襟、下摆、袖口处都镶有边缘。对襟短袖，腰部以下等宽呈直筒形。

⑤ 棉袴。棉袴由袴腰和袴脚两部分组成。把袴脚与袴腰拼合，但两裆不相连，后腰敞开形成开裆（图 1-23）。

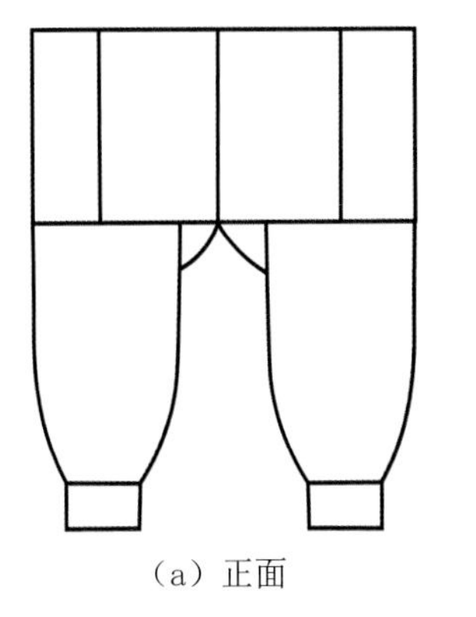

（a）正面

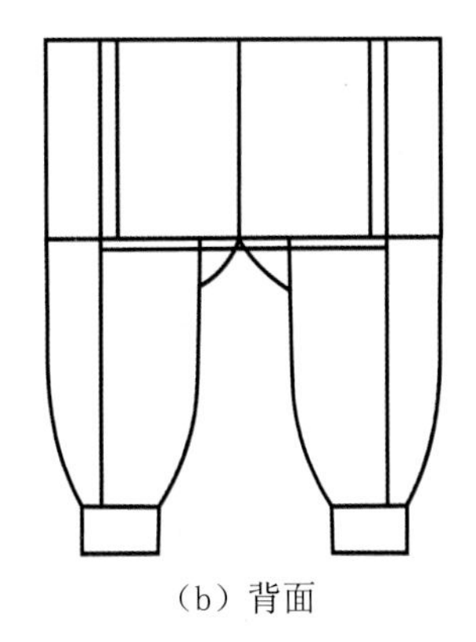

（b）背面

图 1-23　棉袴还原图

3. 春秋战国时期的服饰图案

春秋战国时期，生产力的提高刺激着手工业的迅速发展，纺织技术与生产效率明显提高。商周时期的装饰纹样多呈现夸张、变形的特点，结构以几何框架为依据作中轴对称，图像拘于几何框架内，以直线为主，强调一种整齐划一、威严狞厉之美。而春秋战国时期装饰风格呈多样化的开放式发展，纹样趋于写实，多用曲线，艺术审美由庄严凝重转向活泼生动。这一时期丝织物纹样翻新，品种丰富。湖北江陵马山一号战国楚墓中出土的纺织品实物有绣、锦、纱、绢、罗、绦等，包括遗骨上的衣袍多件，且质地精良。纹样上大多沿用了商周对称式的手法（图 1-24）。

图 1-24　凤鸟花卉纹绣浅黄绢面绵袍纹样（复原图）

4. 春秋战国时期的配饰

春秋战国继承了商周社会的传统，配饰除了起到装饰性作用以外，材质上的不同有区分身份等级与品格德行的作用。由于技术条件与工艺水平的进步，配饰在造型上更加追求华丽精致。首饰中笄、梳、篦依然常见，耳饰玉玦（图 1-25）、颈饰、臂饰等也很丰富。这一时期腰饰很有特色，由于当时袍服为主要服饰，且袍服一般较为宽大，因此用于束腰的带钩得以流行。战国时期的带钩，材质丰富，做工精致，造型多样，但一般钩体都为 S 形。材质上有玉、金银、青铜、铁等，工艺上有的在青铜上镶嵌绿松石，有的在铜或银上鎏金，有的在铜、铁上镶金嵌银，制作十分讲究（图 1-26）。

玉在此时期的政治活动与贵族生活中占有极为重要的地位。商周时佩玉要根据官职高低来定。到了春秋战国时期，由于礼崩乐坏，玉器由礼制过渡到赏玩阶段，佩玉十分普遍。《礼记·玉藻》中记载“古之君子必佩玉”“君子无故，玉不离身”，可见佩玉的流行。当时琢玉的进步，也为玉制品的普遍使用提供了条件（图 1-27）。

图 1-25　春秋早期龙首纹玉玦

图 1-26　战国时期包金镶玉银带钩

图 1-27　战国时期谷纹玉龙玉佩

第二节　西方上古服饰

西方服饰在上古时期的发展已趋成熟，构成了西方最早的服饰文化体系。最早追溯到公元前 10 万 ~ 公元前 5 万年的尼安德特人。当时的气候正处于第四纪冰河期，为了御寒，他们使用兽皮来包裹身体。在 3 万 ~ 4 万年前，西方人开始穿着编绳式或围裙式的腰衣。到第四纪冰河期末期，由于地球气候逐渐变暖，人类的生活方式逐渐从游牧式转化为定居式，农耕文明的出现为种植织物的原材料提供了可能，人类开始使用桑、麻等植物的茎和皮制成的非常细的丝状物来制作服装，原始纺织初步形成。上古时期的西方服饰主要包括古埃及、两河流域、古希腊、古罗马这几个区域，由这几个地区的民族创造的早期服饰文化，是后来西方服饰文化的基础。

一、古埃及服饰

1. 古埃及时期的社会文化背景

古埃及是古代文明最早的发源地之一。大约从公元前 3500 年起，尼罗河流域出现了奴隶制小国，经过几百年的兼并，到公元前 3100 年左右，埃及建立了统一的国家。古埃及位于非洲东北部，南起努比亚，北临地中海，东临红海，西面以利比亚为界。直到公元前 525 年被波斯帝国征服止，古埃及文明大约延续了 2500 年之久，这段历史就是古埃及所谓的王朝时代。这个王朝时代又划分为古王国、中王国、新王国三个历史阶段。

古埃及人能在荒芜的沙漠中生活并建立璀璨的文明，归功于贯穿全境的尼罗河的恩惠。由于古埃及大多区域为沙漠地带，因此气候极其炎热，这样的气候条件客观上导致了古埃及的服饰大都具备宽敞、轻盈、省布的特点。由于古埃及初期的生产力尚处于较为低下的阶段，因此当时服饰的面料只有羊毛、棉花、亚麻几种，且大多数服装样式都很简单，大致呈三角形。

古埃及是信仰宗教与多神崇拜的民族。自然界的万物，无论是否是生物，在古埃及人看来都有支配世界、超越人类的力量。其中太阳神最受敬仰，古埃及的许多神庙都是为供奉太阳神而建造的。古埃及有着严格的等级制度，法老不仅是国王，还被奉为太阳之子支配整个国家。其次是王族、贵族、神庙祭司等上层权贵，再次是自由民中的商人与职业工匠，最底层的是农民与奴隶，整体呈现出金字塔形的等级结构。古埃及人的服饰也受到了这种等级制度的影响，但是在古埃及决定一个人社会地位高低的并不是服饰的款式而是面料。服饰使用的面料越好代表社会地位越高。由于面料很难被长久保存，研究古埃及人的服饰穿搭，大多通过陵墓壁画、雕塑、陪葬物等（图 1-28）。

图 1-28　门卡乌拉夫妻像
（约公元前 2490 ~ 公元前 2472 年）

2. 古埃及时期的服饰

（1）古王国、中王国时期的服饰。古王国、中王国时期，男子服饰呈现出遮蔽下体、裸露上身的特征。男子一般使用一块白色亚麻布缠在腰上，形式和种类较多，有缠裹后系腰的，有兜裆的，也有用带子斜挂在肩上的，这种用来遮挡下半身的腰布被称作“罗印”（Loin）。其色彩除了白色外，还有带白条纹的蓝色、黄色和绿色。由于古埃及时的衣料并不是很充足，所以衣服在当时是贵重物品。罗印作为最古老、最基本的衣服形态，上层阶级在穿时，常用浆糊固定出很密的普利兹褶（Pleat，压褶或经熨烫定型的直线褶），并在罗印外再围一条跨裙，跨裙整体呈三角形，与金字塔的形状吻合，沿身体缠绕并装饰有金银饰物与刺绣、镶嵌宝石等作为地位的象征（图 1-29）。

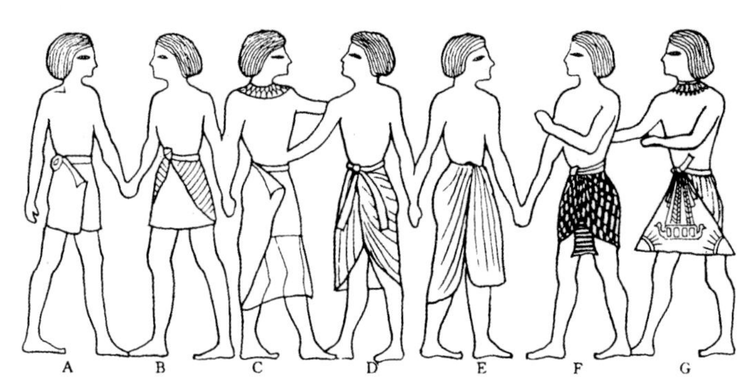

图 1-29　罗印变化
注：A、B、C、D、E、F、G 代表不同的变化过程

古埃及妇女一般穿着丘尼克。丘尼克是一种从胸部长至脚踝的筒形紧身衣，无领无袖。当时的妇女不分阶层，都穿着这种服饰。由于这种服饰收腰很高，直至胸部，所以这不仅增加了女性的体态之长，还突出了胸部的线条，裸露的手臂更加体现出女性的魅力（图 1-30）。

（2）新王国时期的服饰。新王国时期从公元前 1553 ~ 公元前 1085 年，处于古埃及第 18 ~ 20 王朝时期，也被称为帝国时期。此时的服饰较之前发生了很大变化，主要体现在新款式的出现与服饰更加富丽华美。在当时的男子服饰中流行一种宽大的贯头式长衣“卡拉西里斯”（Kalasiris）。以 2 倍于穿着者身长的长方形面料，对折后中间及两侧开口，便于伸出头与手臂。这种衣服整体宽松、舒适，可以在腰上系上腰带，或者将多余的部分进行打结，因此可以产生不同的形态。这种服装的流行原因在于这一时期古埃及领土的进一步扩张，受东方服饰文化的影响。

贯头衣也出现在新王国女子服饰中，造型上与男子的相似，但女子的腰带比男子的要细一些，且长至双膝，走起路来更显女性的优雅。此时期开始出现上衣与裙子组合的两件套式，上衣被称为“凯普”（Cape）。一种形式是将长方形的衣料披在肩上，在前面胸部位置系起来，类似现在的披肩；另一种是在椭圆形衣料中间掏出一个洞用于套入头部，长度大致盖过肘部。裙子也有两种形式：一种是直接用长方形衣料缠于腰部，在前腰处系结；另一种是把长方形衣料缝成圆筒形，在上端腰部挖出几个小孔，用以穿过绳带系紧腰口以防滑落，系紧后的裙子会产生自然的碎褶。除此之外，还有一种名为“多莱帕里”（Drapery）的卷衣，这种服装是将一块长方形的衣料通过缠绕包裹住身体，也是当时女子的代表性服装。然而，衣服对于古埃及人并非仅仅用于遮体，衣服的象征意义与价值才是着装的真正目的。处于阶级底层的奴隶、舞女多为裸体，或是在腰臀部细一条绳子，被称为“绳衣”或“腰绳”（图 1-31）。

图 1-30　拉荷切普王子与其妻坐像

图 1-31　乐师与舞女湿壁画（约公元前 1400 ~ 公元前 1350 年）

3. 古埃及时期的配饰与妆容

（1）配饰。古埃及人的服装较为朴素，但配饰却极为华美，这一时期各类配饰的制作工艺已经达到相当高的水平，不管男女都会佩戴珠宝首饰。配饰不仅起到装饰的作用，还象征着权力与宗教。其中代表性的首饰种类有手镯、项饰、耳环、脚镯、臂饰等。材料多为祖母绿、玛瑙、玉、水晶、金、银、青金石、绿宝石等，且大多赋予宗教意义。古埃及人一般不穿鞋，鞋被看作是一种十分贵重的配饰，只有上层社会人士与身份尊贵的人才能穿鞋，主要为以纸莎草、芦苇、棕榈和皮革制作的凉鞋“桑达尔”。

（2）妆容。自古以来，由于受到气候与地理环境的影响，为了方便清洁，古埃及人将头发全部剃去或留短发。因此佩戴假发成为流行，并染成各种颜色。男子的假发较短，女子的假发大多长至胸部。男子还有戴假胡须的习惯，上流社会的男子在参加活动与仪式时会佩戴各种假胡须以彰显其身份。

古埃及人很早就使用化妆品，当时的男女都化妆，化妆术很发达。用孔雀石制作眼影，画夸张的眼线，有保护眼睛和增加美感的作用，在古埃及非常流行。除了眼部化妆外，还有用散沫花制成的腮红、口红和指甲油。古埃及人认为油膏、香水和眼线膏是今世直至来世的必需品，古埃及人也相信人死后有灵魂，无论是死者还是生者都需要美容化妆。

二、两河流域服饰

1. 两河流域时期的社会文化背景

所谓“两河流域”，是指亚洲西部的幼发拉底河与底格里斯河沿岸地区，古代称这里为“美索不达米亚”。美索不达米亚地区的文化首先在幼发拉底河与底格里斯河的下游发展起来，后来又逐步拓展到两河上游。这一地区的地理环境不同于埃及，由于不具备天然的防卫屏障，且是一处连接东西方的交通要道，所以极其容易招致新兴游牧民族的入侵；这里先后处于苏美尔、古巴比伦、亚述等强大势力的控制之下，由于民族的更迭非常频繁，一些国家和城市相继灭亡。

美索不达米亚地区的各个民族生存主要依赖于幼发拉底河和底格里斯河流域的肥沃土壤。美索不达米亚地区基本上被沙漠、山脉和海洋包围。西面是叙利亚沙漠，北面是土耳其的托罗斯山脉，东面是伊朗的扎格罗斯山脉，南面是波斯湾。幼发拉底河和底格里斯河沿岸形成的冲积平原就是美索不达米亚平原。以今天的巴格达为界限，美索不达米亚地区可以分为北部和南部两个部分，即北部的亚述和南部的巴比伦。北部的亚述是一个自然资源和降雨量相对丰富的高地。公元前 1600 年，一个名为亚述的军事帝国诞生。而巴比伦尼亚处于地势低洼的南方，缺乏石头、木材和金属等材料。这里的年降雨量不足 200mm，当地人利用灌溉技术进行农业生产，农产品的丰收促进了城市的发展。大约在公元前 3500 年，这个地区形成了苏美尔文明。直到大约公元前 2000 年，苏美尔文明一度衰落。后来，在南方崛起的巴比伦继承了苏美尔文明，成为该地区的中心。

美索不达米亚文明以其发达的畜牧业和农业而闻名。因此，食物、衣物配件和牲畜在当时是非常贵重的财产。这些东西的所有权主要由男性主导的男权社会控制。女性从属于男性的社会地位逐渐明确，女性的外貌日益成为反映女性价值的重要条件和标准。

美索不达米亚地区也是世界上最早出现毛织物的地区。公元前 2000 年左右，地中海诸国间的贸易交流也是从毛织物的买卖开始的，随着贸易交流的发展，从埃及传入的麻，从印度传入的棉，从中国传入的丝绸，都丰富了欧洲的服饰材料。

2. 两河流域时期的服饰

（1）苏美尔服饰。苏美尔文明是目前发现于美索不达米亚文明中最早的文明，是西方早期产生的文明之一，苏美尔文明主要位于美索不达米亚地区的南部（苏美尔文明的开端可以追溯至距今 6000 年前，在距今约 4000 年前结束）。苏美尔人服饰的最大特点就是男女同制同形。

卡吾拉凯斯是古代苏美尔人所穿的一种典型服装。当时，苏美尔人用一种被称为“卡吾拉凯斯”的衣料制成腰衣缠绕身体，缠一周或几周，由腰部垂下掩饰臀部，因此，这种服装的名字就使用这种衣料的名字来命名，都称为“卡吾拉凯斯”。这种特殊的衣料今天已无实物可考，只能从考古出土的雕刻中分析它的大致结构（图 1-32）。

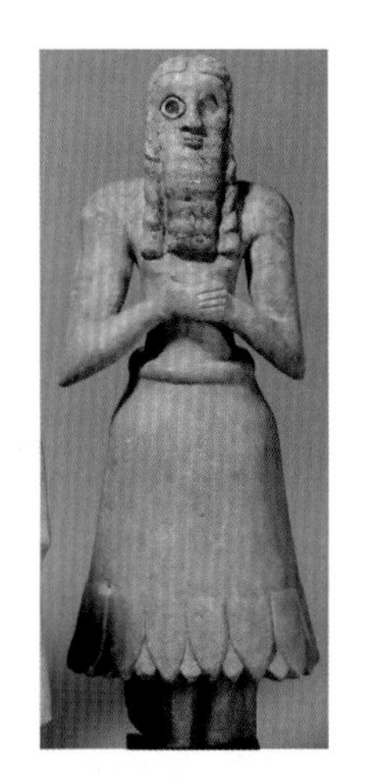

图 1-32　阿布神庙雕像

这种服饰上有非常明显的流苏式样的装饰，目前史学界对这种流苏式样装饰的分析存在分歧。有的观点认为这种流苏式样的装饰是在毛织物或皮革的表面固定上呈束状的毛线；有的观点则认为这种流苏式样的装饰是一种类似于仿羊皮（毛）外观的衣料；也有的观点认为那些流苏式样的装饰就是羊皮上的毛，明显的穗状装饰就是苏美尔服饰显著的特征。这种带流苏的裹身圆式裙的款式也有所不同，有的下垂至小腿并在后背左侧相交，用几个扣结固定，另外，裙上的穗状垂片长短也不一，有的又宽又长，有的则很窄，这种服饰对后世时装中的流苏式样装饰有一定影响。

苏美尔的男子服装最常见的是腰布形式的服装。这种腰布式服装基本是用三角形织物绕身包缠，在腰间扎紧并在身体上形成参差不齐、错落相间的层次。这种腰布式样的服装被称为罗印。苏美尔时期的罗印大多使用特殊的卡吾拉凯斯衣料来制作。苏美尔的女子服装也多用卡吾拉凯斯衣料来制作，款式基本与男性服装大体相同，一般多为带袖的长款全身衣，面料多为亚麻和羊毛。这种女性服装也可视作一种裙装，名为“罗布”。从苏萨出土的公元前 4000 年的亚麻碎布分析，当时的纺织水平甚至超过了现代技术。

（2）古巴比伦服饰。古巴比伦位于美索不达米亚平原，大致在当今的伊拉克共和国版图内。在距今约 5000 年前，这里的人们建立了国家，到公元前 18 世纪这里出现了古巴比伦王国，古巴比伦王国是四大文明古国之一。在这个平原上出现了西方世界上第一个城市，颁布了第一部法典，同时也出现了最早的史诗、神话、药典、农人历书等，是西方文明的摇篮。目前，在两河流域发现的最早的古文明距今已有 6000 多年，虽然古巴比伦文明现已消失，但其在很多方面的影响（尤其是宗教方面）流传至今。

这个时期的男子服装与苏美尔人的卡吾拉凯斯不同，古巴比伦人的服装是用一种边缘镶有装饰的长方形布来缠绕包裹身体。这种服饰的穿着方式是先将长方形的布在身体上缠绕包裹，再将布包裹住左肩并垂下，右肩则裸露在外面。这个时期的男子还经常使用头巾或一种镶有毛皮边缘的卷边帽子。女子则穿着带有卡吾拉凯斯装饰的长袍，也是与男人一样几乎露出右肩的穿着方式。

在公元前 1792 年巴比伦尼亚成了古巴比伦第一王朝的首都。这个时期的男子服饰最常见的形式是将带有边缘装饰的卡吾拉凯斯呈螺旋状缠绕在身体上。另外，男子还经常用带有卡吾拉凯斯装饰的卷衣搭在肩膀上来使用，脖子上还经常用金属制的颈饰来加以装饰（图 1-33）。在古巴比伦后期，女子的服饰基本上为身长较长的丘尼克和披肩。丘尼克的袖子非常合体，将胳膊肘部以上的部分完全包裹住，衣服的下摆上有卡吾拉凯斯装饰的荷叶边，上半身会使用非常大的披肩缠绕在腰上并用腰带固定。

图 1-33　汉谟拉比法典碑

（3）亚述服饰。亚述也是兴起于美索不达米亚地区的国家。公元前 8 世纪末，亚述逐步强大，先后征服了小亚细亚东部、叙利亚、腓尼基、巴勒斯坦、玛代王国、巴比伦尼亚、埃兰和古埃及等地，设都于尼尼微。亚述人在两河流域频繁活动的时间约有 2000 年，后来亚述人失去了霸主地位，不再有独立的国家。在两河文明的几千年历史中，亚述可以说是历史延续最完整的国家。历史学家掌握有从公元前 2000 ~ 公元前 605 年连续的亚述国王名单。虽然 2000 多年中，亚述有时强大，有时衰落或沦为他国的属地，但作为独立的国家或相对独立地区的亚述是一直存在的。直到大约公元前 900 年，亚述国家突然空前强大，成为不可一世的亚述帝国，最后于公元前 605 年灭亡。

在文化方面，亚述主要沿袭了古巴比伦的文化，同时受到古埃及新王国时期文化的影响。亚述人服饰的最大特点就是细致而精美的边饰，其实这些服装的边饰最初的作用只是为了防止服装边缘破损，但是后来这些边饰却成为重要的装饰手段。亚述人非常重视和讲究这些服装上的边饰，因此出现了各种不同方式和长度的装饰性边饰。由于亚述民族是北方民族，因此其服饰多为带有合体袖子且长至脚踝的丘尼克，配以带有精美边饰的卷衣是亚述男子最常见的穿着方式（图1-34），卷衣的样式和披裹方式因为时代的不同而有差异。从亚述・纳西尔・帕二世到萨尔贡二世时期，国王使用的卷衣，从左肩至腰部呈螺旋状的方式来披挂，亚述・纳西尔・帕二世时期披肩的长度较短，披肩的披挂方式也非常多。亚述人的鞋子是一种类似于凉鞋的可以将脚跟覆盖住的鞋子。亚述人还有专门用来烫头发和胡须的烙铁（卷发器），他们有将头发或胡须烫成螺旋状作为装饰的习惯（图1-35）。亚述女子服饰的样式基本上与男子服饰一样，女子穿的丘尼克比男子穿的长度略长，裁剪独特而且缠绕方式也非常精心，同时也搭配卷衣，佩戴很重的项圈、耳环、手镯，穿镶着宝石的绿色皮质鞋。

图1-34　阿苏尔拔尼帕时期的王宫浮雕

图1-35　萨尔贡二世时期的王宫浮雕

三、古希腊服饰

1. 古希腊时期的社会文化背景

古希腊时期哲学研究盛行，学术思想发展愈发蓬勃，涌现了很多思想家，他们所倡导的哲学思想，也从上而下渗透到普罗大众的思想与生活中，对当时的艺术创作有着深远的影响，日常所需的服饰也不例外。在早期的哲学活动中，自然世界是最为主要的研究对象。希腊人写意随心的生活方式显然是受地中海温暖湿润气候的影响。古典时代，哲学思想开始回归人的本身，开始推崇人文主义思想，提出了“人是万物的尺度”，此时期的苏格拉底、柏拉图、亚里士多德三位哲学巨匠最具盛名，同时，理性主义思想也影响到艺术领域，黄金分割比例与对称平衡规律也大量体现在服饰设计中。基于此类的哲学思想，古希腊服饰的艺术风格也多以色彩单纯、自然优雅、随意舒展、清新的格调见长。

2. 古希腊时期的服饰

（1）爱琴文明服饰。爱琴文明是希腊及爱琴海地区史前文明的总称，在早期的考古发现中被称为迈锡尼文明。克里特岛为爱琴文明的发源地。公元前3000年，克里特岛已经形成了特有的米诺斯文明。约公元前 1450 年，来自希腊本土的迈锡尼人征服了克里特岛，后来历史上把克里特—迈锡尼文明统称为“爱琴文明”。

克诺索斯王宫是克里特文明最伟大的创造，位于王宫各处的壁画，代表了当时文明的巅峰水平，灵巧秀逸为其主要特点，这与同时期东方文化孕育出的以威严沉重为主的艺术风格截然不同。大量的壁画向史学家们描述着当时克里特人的社会生活（图 1-36）。种种证据表明，在克里特文明的鼎盛时期，克诺索斯王宫设有专门的纺织场所，可见当时已经对服饰有很高的要求。通过对壁画的研究，可以看出克里特文明时期的服饰呈现出开放轻松的特点，与同时期其他地区的文明有显著差异。

克里特男子一般只穿罗印，克里特男子的罗印一般被认为是受到古埃及服饰影响，在下摆处装饰有格纹图案（图 1-37）。国王的装束与平民有所区分，国王的罗印一般是类似于现代围裙的式样，它的长度刚好可以将臀部盖住，同时会在右腿的根部用白色腰带缠绕打结。缠腰布是这一时期另一种具有代表性的服饰，因为当时无论男女，都以细腰为美，把腰勒细可以更好地凸显腰身。缠腰布主要选用类似亚麻质地的布料制作，同时也会有硬挺的类似羊毛及皮革之类的材料，材料的不同也决定了缠腰布的样式多种多样。其装饰图案以蔷薇花及螺旋状图案为主。

图 1-36　克诺索斯王宫的斗牛士壁画

图 1-37　克里特男子的服装——罗印

与造型简单的男子服饰不同，克里特女子的服饰是非常具有现代感的，甚至有人提出“剪裁”这一概念正是起源于这一时期的克里特。通过对现存的克里特壁画的研究，可以看出克里特女子的服装结构以及剪裁都有着很高的完成度。极具代表性的就是“蛇女神像”中呈现出来的女子服饰的形象（图 1-38）。女子服饰的上半身基本为皮制的合体上衣，这种上衣的主要特点是将胸部完全暴露在外面，在身后的腰部到臀部上方用绳子穿过服装预留孔的方式将腰部束紧。女子服饰的下半身基本为“钟形裙”，这种裙子的整

（a）蛇女神

（b）蛇女神还原图

图 1-38　蛇女神及还原图

个造型呈钟形或塔形，臀部的造型微微蓬起，臀部至脚踝处逐渐形成了下摆宽大的吊钟形“塔裙”。这种原始服装的下摆一般是有多层荷叶花边修饰的裙子，一般用灯芯草、木头或金属做成箍并一个个串在一起，将裙摆撑开，有的史学家认为这就是之后裙撑的雏形。

从对壁画的研究可以看出，当时女子服饰的主要特点是贴身的胸衣紧紧束在裸露的胸部下方，衣袖的长度一般到肘关节，样式可以是紧贴手臂的，也可以是蓬松的，甚至带有上宽下窄的“羊腿袖”。有些女子服饰的衣袖用丝带绑住，在后颈处打结或用肩带固定。有时圆锥形的裙子也会选用质地较硬的布料来制作，外面再镶上一层层的荷叶边，并装饰着图案，色彩艳丽，裙摆外还用一条浆过的围裙包裹着，想要完成这样造型的服装，需要相当高超的裁剪技术。

放眼整个西方服饰发展史，克里特女子的服饰也是独树一帜，当时的服饰造型与现今的服饰在形式上有大量的相似之处。克里特文明虽然属于爱琴文明，与古希腊文明处在同一时代，但是其服饰样式与古埃及、古希腊、古罗马以缠绕式为主的宽松款式不同，它强调紧身、合体。这样的服饰外形在同时期的古代服饰中都是极为特殊和罕见的，它不但促进了古希腊服饰的发展，甚至对黑海沿岸、地中海东部甚至小亚细亚地区的服饰发展也产生了深远的影响。

（2）古希腊文明服饰。希腊作为一个文明古国，西方文明的摇篮，在科技、数学、医学、哲学、文学、戏剧、雕塑、绘画、建筑等方面都做出了巨大的贡献。古希腊文明最早发展于克里特岛，公元前 10 ~ 公元前 9 世纪还处在多个城邦分立而治的混乱状态中。大约在公元前 12 世纪，多利安人的入侵毁灭了麦锡尼文明，希腊历史进入所谓的“黑暗时代”。从公元前 8 世纪中期开始，古希腊的市民主权逐渐扩大，一些施行新制度的城邦开始增多，如雅典、斯巴达、科林斯等。这些新兴的城邦是古希腊文明发展的起点。斯巴达和雅典有各自的主要民族，分别是多利安人与爱奥尼亚人。他们作为古希腊最具代表性的民族，为后世留下了两种不同的文化样式，这些体现在建筑、美术、服饰等不同领域。建筑主要体现在古希腊的柱式上，多利安样式以庄重、简朴为主，代表了男性特质；爱奥尼亚式则是纤细优雅的代表，象征着女性特质；之后发展而来的科林斯式则被认为是两者艺术风格的结合（图 1-39）。

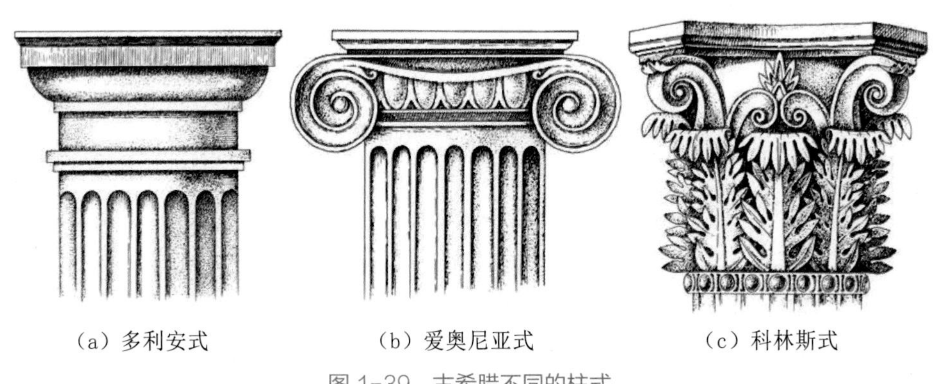

（a）多利安式　（b）爱奥尼亚式　（c）科林斯式

图 1-39　古希腊不同的柱式

古希腊人的穿着非常简朴，大多数服饰都是不经剪裁、缝合的矩形衣料，通过缠绕和披挂的形式来完成。根据古希腊文明不同的时代发展阶段，古希腊服饰大体可分为四种样式，分别是克里特米诺时期样式、迈锡尼时期样式、创始时期样式、古典时期样式。克里特米诺时期样式就是以克里特服装的裁剪方式为主要形式。迈锡尼时期样式虽然同样受到克里特服饰的影响，但更趋于质朴，如腰带、衣边等的用料更偏爱皮革甚至金属。创始时期样式在服饰制作上更为精细，是在女子束身上衣与披肩剪裁原理的基础上展开，采用更加特别的方法来塑造人体。古典时期样式在面料选用上更为讲究，面料质地更加柔软，穿着方式更倾向于人体与服饰的自然结合，同时少量的裁剪和缝纫技术被运用到了制作过程中，精致的服饰与人体的完美融合成为当时人们的至高追求。

① 希顿。希顿是古希腊服饰中最具代表性的款式。主要结构就是用一块矩形的布将身体包裹住并在肩部固定，腰部用绳子束紧。希顿主要分为两种，一种为多利安式希顿，另一种为爱奥尼亚式希顿。这两种希顿的区别在于用料与穿着方法上有所不同。

多利安式希顿也称为佩普洛斯，是男女皆穿的服装。最初多利安式希顿的衣料是长方形的白色毛织物，衣料尺寸为长边是两臂伸直后两时间距离的 2 倍，短边则是从领口到脚踝的长度加上从领口到腰围线的长度。穿衣方法是先将长方形衣料的一条长边向外折，折下来的长度是颈部到腰际线的长度，然后围着身体将长方形的短边对折，在两肩分别用长 10cm 左右的别针固定。由于多利安式希顿的主要面料是毛织物，所以披挂产生的衣褶比较厚重、粗犷，可以很大程度上展现男性特征，同时用别针分别在双肩固定两点。多利安式希顿的侧缝一般不缝合，整体不会留有袖子（图 1-40）。

图 1-40　多利安式希顿

爱奥尼亚式希顿出现得晚一些，时间大约在公元前 6 世纪。开始是住在雅典的女性穿着，选用的面料较轻，以薄麻或带有普利兹褶的丝麻织物为主。随着爱奥尼亚式希顿的流行，多利安人也开始穿着爱奥尼亚式希顿。在形状上多利安式希顿和爱奥尼亚式希顿一样，都是选用整块白色的长方形衣料，只是在衣料尺寸和穿着方式上略有差别。首先衣料尺寸为长边是两臂伸直后两腕间距离的 2 倍，短边是领口到脚踝的距离加上上提部分的用料量。其穿法是先将两个短边对折，侧缝处留出伸出手臂的位置全部缝合，从肩到两臂分别用 8 ~ 10 个安全别针分别固定，在腰部束带并折出褶量。这里之所以不同于多利安式希顿用普通别针来固定，而使用安全别针，是因为在人们发生争执时，多利安式希顿的普通别针可以被当作斗殴的工具，所以后来爱奥尼亚式希顿就改进为用安全别针来固定。因为拥有诸多优点，多利安式希顿逐渐被爱奥尼亚式希顿取代。爱奥尼亚式希顿由于使用麻织物所以衣褶细且多，可凸显女性优雅的特征（图 1-41）。

② 希玛纯。日常穿着中，希顿外面常会搭配一种名为希玛纯的外套。希玛纯一般是由一块

长 2.9m、宽 1.8m 的长方形厚毛织物做成，主要是白色，衣料边缘经常装饰有深红色或青色系的刺绣图案（图 1-42）。以现在的眼光看希玛纯，很像斗篷或披肩，穿着方式同样是直接缠绕、披挂在身上并在肩部固定。在需要将头部盖住或者包裹住的时候，比如天气不好或者参加葬礼时，希玛纯就派上用场了。那时的学者、哲学家、武人选择不穿希顿而直接穿着希玛纯，用来彰显禁欲精神。

古希腊女性还有另一种类似希玛纯的斗篷，这种斗篷被称为“迪普拉库斯”。穿着方式是将四方形的大块衣料对折，一侧披挂在肩部，另一侧则从腋下穿过，自然悬垂在身体两侧（图 1-43）。此时期还有一种比希玛纯略小的斗篷，名为“克拉米斯”。这种斗篷起源于塞萨利和马其顿军人所穿的斗篷，在古希腊，年轻人和骑士很喜欢穿这种款式的斗篷。它由宽 1m、长 2m 的毛织物做成，穿着时披挂于上身，用别针固定在一侧肩部。

图 1-41　爱奥尼亚式希顿

图 1-42　穿希玛纯的希腊女性雕塑

图 1-43　希顿外穿着迪普拉库斯的女性

四、古罗马服饰

1. 古罗马时期的社会文化背景

公元前 8 世纪，伊特鲁里亚人从小亚细亚向意大利迁徙，并建立了国家城邦。公元前 8 世纪中叶，古代罗马人在意大利半岛中部拉丁姆平原上的台伯河下游河畔建立了罗马城。早期的古罗马文化受伊特鲁里亚、古希腊文化的影响，吸收其精华并与自身传统文化融合而成。公元前 3 世纪以后，古罗马成为地中海地区的强国，其文化亦高度发展。

2. 古罗马时期的服饰

（1）伊特鲁里亚服饰。伊特鲁里亚人是从小亚细亚迁徙到古罗马的民族，因此其服饰带有浓重的东方风格（图 1-44）。伊特鲁里亚人最常见的服饰是丘尼克、凯普（披肩）、曼托（斗篷）。男人穿的丘尼克衣长较短，女人穿的丘尼克衣长较长，到脚踝处。还有一种披肩式的斗篷名为“泰伯那”（Tebena），是一种半月圆形的披肩，它搭过左肩在右肩垂下，形制来自古希腊男子的斗篷，后来古罗马人穿的宽松外袍可能也是由此发展而来。

（2）古罗马服饰。古罗马最具代表性的服饰名为“托加”（图 1-45）。“托加”一词来源于拉丁语，原意是“覆盖”。这种服饰是一种类似于多莱帕里式样的缠织式服饰，用一整块布将身体包裹、缠绕。托加的色彩、装饰图案、面料的缠绕方式可以反映出着装者的身份与地位，因此对于面料颜色、装饰图案等会有严格的规定。托加的发展与变化随着古罗马帝国的兴衰有着明显的区别。

图 1-44　维依的阿波罗陶塑图（公元前 515 年）

图 1-45　托加（公元前 1 世纪初的演说家像）

罗马共和制初期，托加作为普通市民服是男女都可穿着的款式（图 1-46），到了共和制中期就只有男子穿托加。后来发展到帝政初期，托加逐渐演变为一种世界上最大的服装。托加的面料一般选用毛织物，形状基本为弓形、椭圆形、梯形。弓形托加的直径一般为 5 ~ 6m，在曲线边缘的部分会装饰带颜色的边饰。穿着方式是首先将托加搭在左肩上，然后将其绕向身体后方，经右侧肋下搭向左肩至后背。值得注意的是，紫色或者红紫色是皇帝、执政官的专属颜色，边缘装饰为金线刺绣的装饰图案，这种托加被称之为“托加・佩克塔”（Toga Picta）。后来随着中国丝绸的传入，这种托加经常使用丝和麻、丝和棉的混纺织物制作而成。普通市民只穿没有任何装饰的“托加・普拉”（Toga Pura）。在帝政末期，由于托加体积过于庞大，导致穿着不便，最后只有最高权力者、神职人员才会穿。再后来托加在形式上发展成带状形式的装饰物，逐渐演化为拜占庭时期服饰中带状装饰的雏形。

古罗马男子一般会在托加里面穿丘尼克。随着托加的逐渐衰落，丘尼克的颜色、衣长、袖长都开始出现变化，为了彰显身份，在丘尼克上还出现了一种名为“克拉比”（Clavi）的线状装饰条。紫色丝绸面料并带有金线刺绣图案的丘尼克，是皇帝或恺撒将军、执政官的专有服饰。

古罗马女子的服饰与男子的服饰相比样式变化很少。古罗马男女服饰的主要区别是面料、色彩。古罗马女子的服饰基本延续了古希腊服饰的风格与样式，首先在里面会穿一种名为“丘尼克·因提玛”（Tunica Intima）的贯头衣作为内衬，外衣是一种同爱奥尼亚式希顿很相似的“斯托拉”（Stola），还会穿一种款式类似希玛纯，名为“帕拉”（Palla）的斗篷。丝绸在帝政时期传入古罗马，由于用丝绸面料制作的斯托拉和帕拉，悬垂效果极好，再配以鲜艳的红、蓝、紫色，于是可以很好地展现出非常有古罗马特色的女性魅力，由于女子服饰的款式变化较小，因此女子服饰的面料更趋于轻便，以棉、丝绸为主（图 1-47）。

图 1-46　古罗马和平祭坛浮雕（公元前 13 ~ 公元前 9 年）

图 1-47　古罗马女子主要的服饰款式

古罗马时期在公共浴室沐浴是非常流行的一种社交活动，男女都可以参与，公共浴室除了可以作为沐浴的场所，更重要的是与朋友聚会的社交场所。在沐浴完后，人们通常会做些运动来锻炼身体。运动时男人基本上可以是全裸的，女子则穿上一种类似比基尼的服装来参与体育运动。而这是最早的关于比基尼的记载（图 1-48）。

图 1-48　卡萨尔的罗马别墅镶嵌画（4 世纪）

第二章 中古服饰

在西方，中古期（也被称为中世纪，476～1453 年）为从西罗马帝国灭亡到英国资产阶级革命爆发这一历史时期，人文主义者在 15 世纪后期开始使用“中世纪”一词用来定义这个时期。中世纪的欧洲各方封建势力割据，频繁的战乱导致科学技术以及生产力的发展停滞不前，人们在无望的苦难中苦苦煎熬，所以中世纪早期在西方历史上也被称作“黑暗时代”，这是欧洲文明发展比较缓慢的时期。

在西方中世纪之前，中国处于秦汉时期，这也是中国由奴隶社会走向封建社会的转变期。大概在中国的南北朝时期，随着东罗马帝国的建立，西方世界进入中世纪，中国则在魏晋南北朝之后经历了隋唐时代，巩固了封建主义社会形态。整个中古期也是中国服饰文化发展的重要阶段，秦汉时期逐渐形成封建政治意识，也初步形成了以政治伦理观为基础的服饰思想。随后，统治者确立了以儒家思想为核心的封建服饰制度。

第一节　中国中古服饰

秦汉时期封建社会基本确立，以皇权为中心的儒家服饰思想和封建服制在这个时期被法定化。秦始皇统一中国促使服饰文化有了融合性的发展，秦汉服饰在传承商周服制的基础上，吸收融合了春秋战国时期各诸侯国的服饰特点，对后世的服饰文化产生了重大影响。另外，此时的丝织技术已经达到相当高的水平，在丝绸之路开通以前，中国的丝绸与黄金等价，只有少数贵族才可以穿用。西汉以后，中国的丝绸通过河西走廊源源不断地从长安运往西方，中国的丝绸和丝织技术传到欧洲后，对西方服饰的发展也影响深远。

魏晋南北朝时期分为三国、两晋、南北朝，这一历史阶段政权更迭频繁，各方势力割据、战乱连绵，上层政治、经济的动荡不安也给社会生活带来冲击。总的来说，魏晋时期的商品经济发展缓慢，服饰大多沿袭汉代旧俗；南北朝时期征战频繁，各民族间的交流加强，服饰的发展也更为多样，但冠履服饰变化频繁，没有确定的形制。

隋唐时代的服饰发展盛况空前，由于国家统一、经济发达、生产和纺织技术进步、对外交流频繁等多重原因，服饰在继承前代的基础上发展迅速，服装的样式、色彩、面料和图案等都呈现出崭新的面貌。这一时期的男女服饰与异域风采相结合，男装以圆领袍衫和幞头、巾帽为主，女装以襦、衫、袄裙、半臂、披帛、胡服、帷帽为主。唐朝女性大胆追求个性美，女穿男服、浓妆艳抹，这也充分展现了盛唐时期开放尚美、博采兼收的大国风范。

一、秦汉服饰

1. 秦汉时期的社会文化背景

公元前221年，始皇帝嬴政灭六国、统四海，结束了诸侯国割据的局面，改变了“田畴异亩，车涂异轨，律令异法，衣冠异制，言语异声，文字异形”的社会状况，之后便推行“车同轨，书同文，兼收六国车旗服御”等措施，第一次完成了中国民族文化大融合的壮举，其功绩卓著，可称千古一帝。西汉初年，汉高祖刘邦（图2-1）为了加强中央集权，先后翦灭了六国异姓王，以此稳固中央政权。历经几十年的休养生息后，汉武帝建立了以文治思想为基础的完善的政治制度，为国家的繁荣昌盛奠定了坚实的经济基础和政治基础。从历史资料中我们可以看出，汉代时期人民的衣、食、住等生活水平都有了显著提高，例如河南打虎亭汉墓出土的壁画《宴饮百戏图》，就描绘了身穿袍服的汉人烹饪、饮食的宏大场面（图2-2）。

图2-1　汉高祖刘邦像

图2-2　打虎亭汉墓壁画《宴饮百戏图》

（1）五德、五方观念对服饰色彩的影响。五德终始说是战国时期的阴阳家邹衍所主张的观念，以五行相生相克比喻社会变动和朝代更替，后世沿用了这种说法。如周朝火气胜金，崇尚赤色；秦尚水德，服色为黑色，就连旌旗也采用大面积的黑色；汉灭秦，因而土德战胜水德，服色崇尚黄色。另外，传统服饰色彩推崇“五方正色”，将色彩与方位相联系：青色象征东方，白色象征西方，红色（朱）象征南方，黑色（玄）象征北方，黄色象征中央。根据五行学说，黄色象征土，属于中央方位，也因此确立了以黄色为中心的服色主旨。从此，青、红、黑、白、黄这五种颜色被认为是服装正色，以黄最为尊贵，这些都被指定为天子朝服的色彩。秦汉时期形成的五方正色信仰，构成了中华民族传统服装的基色而代代传承。

汉代还有“五时衣”的服饰礼俗，即服饰色彩随着季节不同而变换。具体表现为孟春穿青色、孟夏穿赤色、季夏穿黄色、孟秋穿白色、孟冬穿黑色，而五色之外的间色、杂色大多为平民服饰所采用。

（2）意识形态对服饰的影响。汉武帝听取了董仲舒的建议“罢黜百家，独尊儒术”，此后，以孔子（图 2-3）为代表的儒学思想成为中华民族传统思想文化的核心。儒家学说十分重视服饰对社会规范的作用，将服装的外在装饰同“礼”联系起来，严格区分着装者的尊卑贵贱、长幼秩序。

图 2-3　孔子像

佛教在西汉时期由西域传入中国，在汉代统治者的支持和倡议下发展起来，与各个地区、民族交流融合后形成了不同的服饰文化。例如，缁衣借用了僧袍的色彩元素；汉朝流行的平民穿的内衣、内袍与僧人平常穿的大褂形制相同；“衲衣”“水田衣”这些袍服也曾受到僧袍样式的影响。

道教是中国土生土长的宗教，在东汉时期就兴起于民间。道教对汉代服装的影响随处可见，如道教的阴阳色彩体系对民族服饰文化产生巨大影响；道巾、道袍、道用草鞋、棕扇等也影响了汉代日常服饰用品。

2. 秦汉时期的主要服饰

秦汉时期的服饰文化在传承商周服制的基础上，吸收了春秋战国时期各诸侯国服饰之所长，至东汉明帝制定了适应封建政教理想的封建服饰制度，对后世封建服饰文化产生了重大的影响。汉代初年基本沿用了秦朝旧有服制，之后逐步制定、完善了祭祀服和朝服制度，冕冠、衣裳、鞋履、佩绶都有严格的等级穿戴规定。

秦汉时期的深衣出现了新的变化，有了汉代袍服等服装款式。随着丝绸之路的开辟，中华服饰文化开始向世界各地传播，这一时期的服装面料得到了较大发展，纹样出现了源于古波斯的怪兽珠圈纹，西域常见的葡萄纹和高鼻卷发的人物形象，同时还有龙虎纹、对鸟纹、茱萸纹等本土纹样（图 2-4、图 2-5）。

图 2-4　汉代画像砖中的织作场面

图 2-5　西汉茱萸纹绣复原图

汉代的印染技术非常发达，马王堆汉墓中出土的染色织物颜色多达 20 多种，新疆民丰东汉墓中出土了迄今最早的蓝印花布，这些充分反映了中国印、染、织、绣技术在当时已达到较高水平（图 2-6 ~ 图 2-9）。秦汉时期，麻在黄河流域广泛种植，普通百姓多穿着纺织工艺简单的麻布衣裳。汉代时期棉从印度传入，但并没有被广泛用作服装材料，所以丝帛和麻布依旧是当时不同阶层人士的主要服装材料。

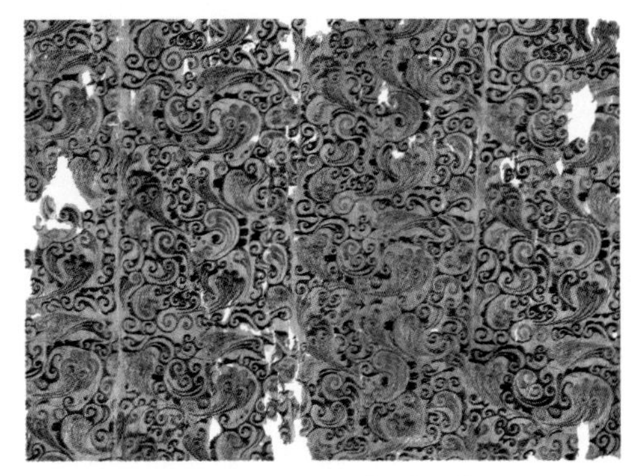

图 2-6　绢地“长寿绣”

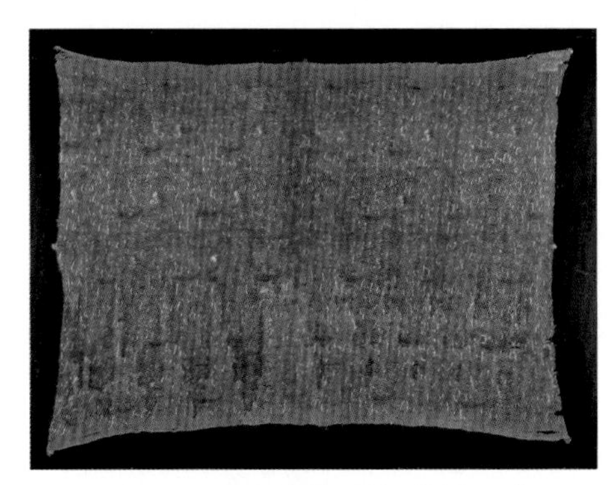

图 2-7　烟色菱纹罗地“信期绣”

图 2-8　黄褐色对鸟菱纹绮地“乘云绣”

图 2-9　绒圈锦

（1）帝王服饰。东汉永平二年的正月，汉明帝及公卿大臣们首次穿着冠冕衣裳举行祭礼，这标志着儒家衣冠制度在中国得以全面贯彻执行。尽管汉代服饰制度没有完全采用周代帝王那样六冕六服的繁缛服制，而是以衮冕充当臣子在一切祭祀场合的礼服，以冕旒和章纹的多少来区别身份，但也不可避免地对后世服制的建立产生了重大影响。

汉代皇帝的服饰分为祭服和常服。当皇帝祭拜天地明堂时，头戴冕冠，身穿有十二章纹装饰的玄色上衣和纁色下裳；当皇帝祭拜宗庙诸祀时，头戴长冠，身穿绀色的丝质深衣，着绛缘领、袖的中衣和绛色绔袜；当皇帝着常服时，头戴通天冠，身穿深衣形式的袍服，服装颜色随着五时而变化（图 2-10）。

① 皇帝冕服。秦汉时期，皇帝在参加重大祭祀典礼时，仍遵循戴冕冠、穿冕服的习俗，冕冠十二旒仍是皇帝的特权。但这时废除了周朝时高官皆可戴冕冠的制度，冕冠、冕服成为帝王的专有服装。

汉代规定的冕服上衣为玄黑色、下裳为朱红色，衣裳分布十二章纹，搭配蔽膝、绶、赤舄。冕服内穿素纱中单，外束革带、大带，大带由素或练制作，覆盖在革带之上，大带素表朱里，两侧为绿色。大绶有黄、赤、白、玄、缥、绿六种色彩，小绶有白、玄、绿三种色彩。由三玉环、黑组绶、白玉双玉佩、佩剑、朱袜、赤舄搭配构成一套完整的服饰（图 2-11）。

图 2-10　孟夏穿红色

图 2-11　《历代帝王图》中的汉光武帝刘秀

② 皇帝常服。秦汉时期，皇帝的常服一般为上戴通天冠，身穿深衣形制的袍服，在商周时期冕服制度的基础上，汉代建立了更加完善的舆服制度，延续和发展了冕服制度。从汉代舆服制度来看，仅皇帝与群臣的礼服、朝服、常服等种类就有 20 余种，严格区分了服饰的等级差别，一是冕服在继承传统的基础上，发展成区分等级的新标志；二是佩绶制度的确立成为区分官阶的又一标志。

（2）女子礼服。秦汉时期的女子礼服在承袭旧制的基础上出现了一些变化，如长沙西汉马王堆一号墓出土帛画中女主人的形象（图 2-12），深衣衣襟环绕层数有所增加，下摆部分肥大，腰裹得很紧，衣襟末端缝有绸带裹系在腰臀处。汉代织绣业很发达，女装主要有深衣、襦裙和袿衣等。

① 深衣。深衣是秦汉时期最常见的一种女子礼服，贵妇在入庙助蚕等重大活动时都穿着深衣。在继承先秦的基础上，此时的女子深衣已经有了不少变化，袖口装饰缘饰，衣袖有宽有窄，衣领通常为交领，可以从领口露出里衣，深衣上还绘有精美华丽的纹样（图 2-13）。河北满城一号汉墓出土的鎏金长信宫灯铜人，持灯女子就身穿深衣，头发中分，垂于脑后作髻，发尖垂梢（图 2-14）。

② 襦裙。襦裙是一种与深衣不同的套装形制，上襦下裙，襦与裙搭配的穿法早在战国以前就已出现，古代妇女穿襦必穿裙，这是中国妇女服饰中最主要的形式之一（图 2-15、图 2-16）。秦汉时期妇女的襦裙有了一些新的变化，襦渐渐窄短，袖子宽大，裙渐长，汉朝时期贵族女子的裙更长，走路时甚至需要两个婢女在身后提裙摆。贵妇穿襦裙，足着高头绣花丝履；平民女子穿衣袖窄小的襦裙，裙摆长度在脚踝以上。

图 2-12　马王堆一号墓出土帛画女主人形象还原图

图 2-13　汉朝深衣

图 2-14　鎏金长信宫灯深衣铜人

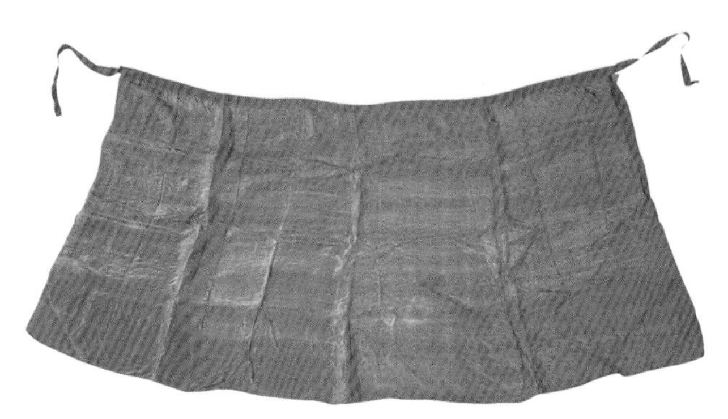
图 2-15　西汉绢裙

图 2-16　襦裙（还原图）

③ 袿衣。袿衣是东汉末期贵族妇女所穿着的一种礼服，由深衣演变而来。袿衣的下摆肥大，裙裾拖地，裙摆层层叠叠显得富丽非常，袿衣的正面系有一片“蔽膝”，形似现在的围裙，上面绣有彩色纹饰，在蔽膝的两侧，露出几条上广下狭、由彩色织物做成的尖角形袿角（图 2-17、图 2-18）。袿衣虽然于东汉时就已出现，但在魏晋南北朝时期的贵族女子中非常流行。

图 2-17　西汉袿衣女俑

图 2-18　袿衣（还原图）

（3）百官之服

① 袍服。秦汉时期的男子崇尚穿袍服，这种服装是深衣的简化形式，上下相连，兼有表里，中间填充了丝绵或棉絮。袍服最初只是士大夫穿礼服时的内衬或燕居服装，到了东汉，袍服的地位逐渐上升，由内衣变为外衣，并最终取代深衣成为上至帝王、下至百官均可穿着的服装。秦汉时期，官员朝会和礼见时开始将袍服作为礼服，秦始皇统治期间，规定三品以上官员穿绿袍、着深衣，平民穿麻或绢制成的白袍。秦汉 400 多年以来，袍服一直是男性的正式服装。

汉代袍服一般是交领样式，袖身宽大、袖口收缩形成圆弧，以鸡心式袒领为主，穿时领下露出里衣。袍服的领口、袖口绣着方格纹、夔纹等纹样，下摆装饰花边，或整理成密褶，还有剪成月牙状的，这种服装形象可见于出土壁画、石刻及画像砖。袍服根据下摆形状可以分为曲裾袍与直裾袍。

曲裾袍的长度曳地，前襟呈三角形、下摆呈圆弧喇叭形，一般为交领右衽，领口可以露出多层里衣，有时多达三重以上，故又称“三重衣”（图 2-19 ~ 图 2-21），流行于西汉早期，东汉时渐少穿用。山东临沂金雀山汉墓出土的陶俑就有类似的着装（图 2-22）；秦始皇陵 K0007 陪葬坑发掘的跽姿陶俑也身着交领右衽的曲裾袍，衣摆长度及膝，衣襟延伸到背后（图 2-23）。

图 2-19　罗地“信期绣”丝绵曲裾袍

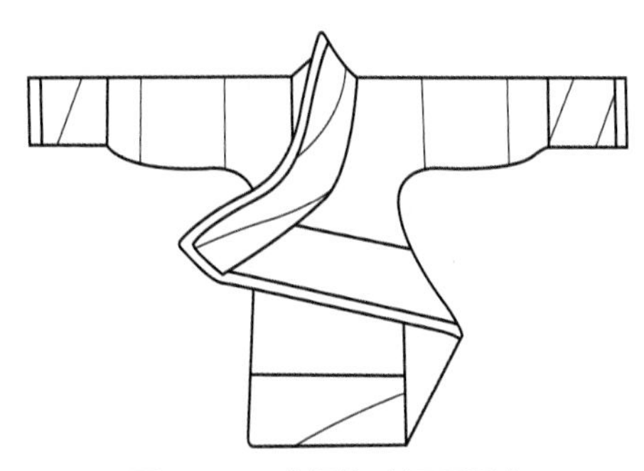
图 2-20　曲裾袍（还原图）

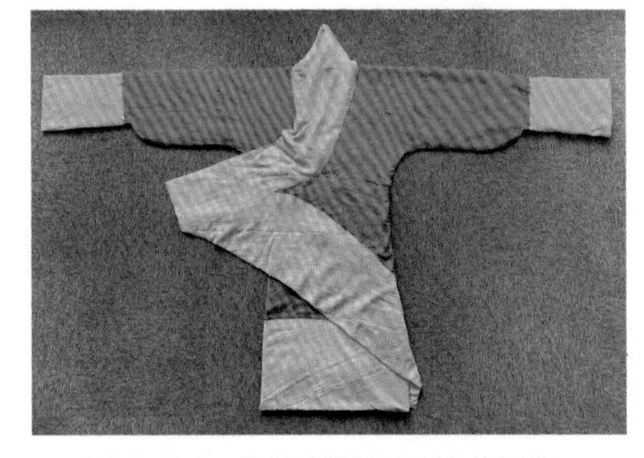
图 2-21　朱红菱纹罗丝绵曲裾袍

直裾袍由襌衣变化而来，也叫“襜褕”，西汉时作为常服，东汉时可作为礼服使用（图 2-24、图 2-25）。直裾是指前后身部分布幅的方形剪裁，按照领型可分为圆领直裾袍、交领直裾袍、直襟直裾袍。由于西汉时穿的是无裆的里裤，直裾袍无法严密遮蔽下身，穿直裾袍入宫被视为不敬君主，因此直裾袍经过改进后才逐渐流行。

菱纹袍是直裾袍的一种，菱纹袍的菱形纹样似双耳，也有长命纹之称，具有“长寿吉利”的含义。从已出土的壁画、陶俑、石刻来看，菱纹袍是东汉时期官吏的普通装束，文官、武官都可穿，着装者里面一般穿白色的内衣，腰部另外加围裳。

图 2-22　山东临沂金雀山汉墓出土的汉代彩绘曲裾袍陶俑

图 2-23　秦始皇陵 K0007 陪葬坑出土身着曲裾袍的跽姿陶俑

图 2-24　印花敷彩纱丝绵直裾袍

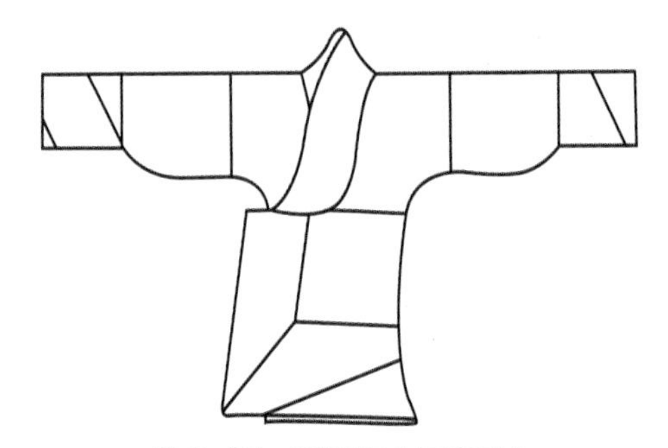

图 2-25　直裾袍（还原图）

汉代官吏身穿曲裾袍和直裾袍时，头上还裹巾帻，加戴进贤冠。山西夏县王村出土的东汉墓中，甬道北壁上层壁画的官吏形象即身着直裾袍，头戴平上帻；四川中江塔梁子崖墓壁画中的官吏形象也穿着直裾袍，头戴冠，袍的领口、袖口与裙摆等处皆有缘饰。

② 襌衣。襌衣类似于袍的样式，上下相连，也由深衣演变而来，制作时无衬里，为单层布帛，官宦仕族夏日燕居在家时可以穿，寒冷的冬季可将襌衣作为袍服里面的衬衣，有的襌衣还可以罩在袄服外面。襌衣也分为曲裾襌衣、直裾襌衣两种。妇女多穿着曲裾襌衣，但由于曲裾襌衣既费衣料又不利于行动，所以东汉以后普遍流行直裾襌衣，可于祭祀朝会之外的各种场合穿着。马王堆汉墓中出土的素纱直裾襌衣，衣料轻薄飘逸，制作十分精美（图 2-26）。较短的襌衣被称作“中单”，多为祭祀朝会穿在里面的衬衣，通常为白色，比一般襌衣的袖口窄小。

图 2-26　马王堆汉墓出土的素纱直裾襌衣

③ 裤。裤分为袴、裈和犊鼻裈。袴是秦汉时期官员的主要内装，官宦男子外穿袍服，内穿袴，起到遮

蔽下体和保暖的作用。裤为穿着在袍服内下身的服装，早期合裆，类似现今的套裤，仅能遮住腿部，所以也叫“胫衣”，后来发展为有裆之裤，称为裈。犊鼻裈是有腰的合裆短裤，是官员燕居或百姓夏季劳作时在外单穿的服装，常见于汉墓壁画与画像砖资料。

（4）冠帽制度（首服制度）。在秦汉时期，帝王着常服时戴通天冠，也称“高山冠”，高九寸，以铁为梁，通常在乘车、远游时戴。通天冠自秦代至明代一直沿用，也叫“卷云冠”。古代服装中冠与帽的区别在于：冠象征身份地位，帽偏向于实用（图 2–27、图 2–28）。

冠帽和佩绶都是汉代官员服饰等级差别的标识，冠帽主要区分职务，佩绶主要区分官阶等级。在汉代的首服制度中，有冕冠、通天冠、爵弁（图 2–29）、长冠、委貌冠、皮弁、远游冠、进贤冠、武冠、樊哙冠、却敌冠、却非冠、法冠、高山冠、巧士冠、方山冠、建华冠、术士冠共 18 种之多（图 2–30）。

图 2–27　马王堆汉墓出土乌纱帽

图 2–28　通天冠（还原图）

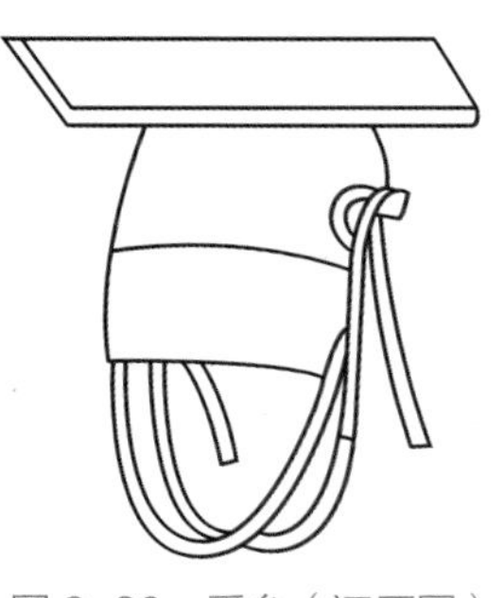
图 2–29　爵弁（还原图）

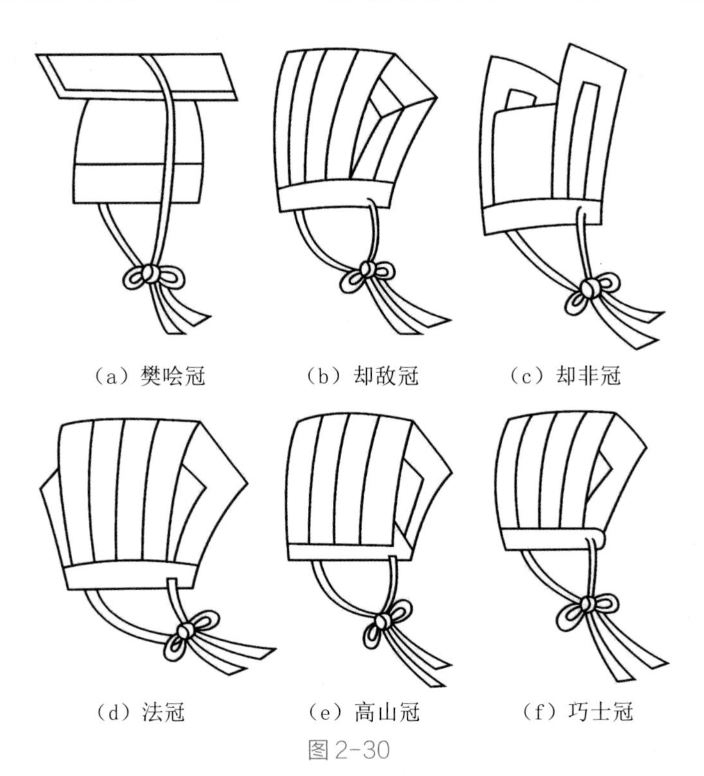

图 2–30

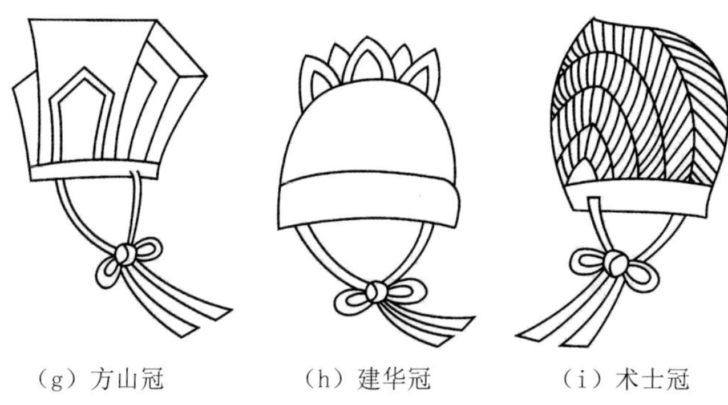

图 2-30　明代《三才图会》中汉代冠帽式样

图 2-31　马王堆汉墓出土的戴长冠木俑

长冠，又名“斋冠”“鹊尾冠”“刘氏冠”“竹皮冠”，高七寸，广三寸，以竹为里（图 2-31）。相传为汉高祖刘邦地位卑微时所创之冠，故在祭祀宗庙时戴此冠，也表示对汉高祖的尊敬之意；又因其外形与喜鹊的尾巴相似，有“鹊尾冠”之称，这是汉代最具时代特点的冠式。

委貌冠，与皮弁形状相同，区别在于委帽冠由皂绢制成，皮弁由鹿皮制成。

进贤冠出现于汉代，至明代时改称为“梁冠”，它不仅是群臣所戴之冠，也象征了古代文儒圣贤，因为古代文官有责任向朝廷举荐贤能，故有“进贤”之称。早期的进贤冠形制前高后低，前柱呈倾斜状，后柱垂直，戴时覆盖在介帻上（图 2-32），通常以梁数多少区分贵贱，一般有一梁、二梁、三梁，梁数越高地位越尊贵。自晋代以来，皇帝也戴五梁进贤冠，此时的进贤冠后耳变得很高，其样式如长沙金盆岭九号墓出土的戴进贤冠文官陶俑（图 2-33）。

图 2-32　东汉画像砖中头戴进贤冠的形象

图 2-33　长沙金盆岭九号墓出土的戴进贤冠文官陶俑

樊哙冠，历史记载为樊哙所创之冠，广九寸，高七寸，前后出各四寸，形制类似冕冠，略宽二寸，没有冕旒。

却敌冠，前高四寸，通长四寸，后高三寸，形制类似进贤冠，上广下狭，呈倒梯形，为卫士所戴。

却非冠，形制类似长冠，冠体下部狭小，冠后装饰红色飘带，分列左右，如燕尾状，为宫殿门吏仆射所戴。

法冠，也称“獬豸冠”“柱后冠”“惠文冠”，战国时已经出现，自秦汉起，御史、执法官和使节臣子皆戴此冠，汉时称为“武弁大冠”。法冠上有象征獬豸角的装饰，取其明辨是非、忠贞不渝，寓意戴冠者执法坚定不移、威武不屈。

巧士冠，高七寸，要后相通，直竖。宦官、侍从官伴随皇帝祭天时戴。

方山冠，形似进贤冠，用五彩縠（绉纱）制成，祭祀宗庙，为大予、八佾、四时、五行乐人戴。

建华冠，又名“鹬冠”，可能以鹬羽为饰，以铁为柱卷，下轮大，上轮小，形似汉代盛丝用的缕簏。

术士冠，也称“术氏冠”“鹬冠”，以鹬羽为饰，为古时知天文者所戴。

这些冠帽中，冕冠、长冠、委貌冠、皮弁、爵弁、建华冠、方山冠、巧士冠为祭服之冠，通天冠、远游冠、高山冠、进贤冠、法冠、武冠、却非冠、却敌冠、樊哙冠、术士冠为朝服之冠。汉朝政府根据冠的等级和用途分别赐给官员，如武官赐武弁大冠，文官赐进贤冠，谒者、仆射、中外官赐高山冠，廷尉、御史赐法冠，宫殿门吏赐却非冠，卫士赐却敌冠。因此，不同官吏头戴之冠严格地区别了其官职身份，戴与自己身份等级不符的冠会严重违反礼制。

（5）百姓民服。根据出土的陶俑和历史文献反映，汉代百姓的服装比较宽松，没有规定服装的样式，但百姓只能穿本色麻布，不能穿有色彩的服装，直到西汉末年，百姓才被允许穿青绿色服装。汉代陶俑及画像砖反映了当时劳动者的穿着状况，百姓束发髻或戴小帽、斗笠、头巾，穿衣长到膝盖的交领服装，衣袖窄小，腰间系巾带，脚穿鞋靴。为了方便劳作，还有许多卷起下装裤角的赤足百姓，夏天时赤裸上身，下穿短犊鼻裈。外罩短袍者多从事体力劳动或乐舞百戏（图 2-34）。

① 布衣。布衣是麻布制成的衣服，布衣百姓泛指广大平民。秦汉时期的“布”指麻、葛类织物，这种最普通的廉价服装多为平民穿着，与“帛”相对，帛为丝织品，借指富贵人家使用的绫罗绸缎、丝锦织物（图 2-35）。

② 襦。襦是一种有衬里的短上衣，比袍短，一般长度过腰到膝盖上。秦汉时期有穿襦裙的百姓，在劳作时将裙撩起来塞在腰间便于劳动，到东汉后期，民间的长者喜欢穿长襦，普通男子通常上穿襦，下穿袴或犊鼻裈，在腰间有围罩布裙，这种装束工奴、农奴、商贾、士人都可穿。

图 2-34　交领右衽长袍奏乐俑

图 2-35　西汉白色纻麻布

③ 犊鼻裈。犊鼻裈是较短的合裆裤，形状类似于牛犊的鼻孔，汉代街头户外卖艺、杂耍之人经常穿，也作普通男子的内裤使用。犊鼻裈很受在南方水田中劳作的农民欢迎，由于夏季炎热，一般农民会下穿短裤，赤裸上身，这种人物形象可见于汉代画像石（图 2-36、图 2-37）。

图 2-36　东汉画像砖中穿犊鼻裈的劳动者形象（还原图）

图 2-37　汉代画像砖中的劳动者服饰

④ 头巾。古时候平民戴黑色、白色或青色的头巾，黔（黑色）首可代称平民，苍（青色）头可代称仆隶，白头巾也是被免职官员或平民的标志，戴白头巾的还有官府中的小吏和仆役们。头巾在汉初多为劳动者所戴，东汉时没有了身份限制，到了汉末，仕宦贵族不戴冠时，以戴幅巾为雅，后世将这种巾称为“汉巾”。

（6）鞋履（足服）。秦汉时期鞋履的制作工艺与前代相比有了很大的发展，鞋履的样式丰富，按材质命名有皮靴、皮履、丝履、锦履、布履、草履、木屐、麻鞋等，造型有平头、歧头和圆头。另外还有诸多在穿着时的详细规定，如舄为祭祀时穿；履为上朝时穿；屦为在家闲居时穿；屐为出门行路时穿。汉代很流行穿木屐，形状与今天的木屐类似。

在汉代，人们常穿双尖分叉状的翘头方履，鞋底由麻线编织而成，在夏季，百姓足穿皮履、蒲草履、布帛履或赤脚。当时西域皮革的鞣制技术和制靴工艺十分高超，如新疆民丰县尼雅墓出土的汉晋红地晕涧绛花靴（图 2-38），这双短筒靴子长 29cm，高 16.5cm，整个靴子用皮、绢、毛褐、毡等多种材料缝制，靴面中央为白地并蒂花卉织纹图案，造型精美，形制独特新颖。

汉代人如果穿曳地长袍，脚下多穿鞋尖上翘的足服，前方上翘的鞋尖能将长袍的衣摆兜起，避免踩踏摔倒。鞋头上翘继承了先秦时期鞋履的样式，不仅满足了服饰的功能性需要，也体现了中国古代鞋子的典型特征。其式样如马王堆汉墓中出土的青丝歧头履（图 2-39），长 26cm，头宽 7cm，该双层丝履，头部呈凹陷弧形，两端昂起呈分叉小尖角状。

袜是足衣，现今出土的汉代袜子实物，多为罗、绢、麻及织锦等材料。西汉时期的袜子还比较质朴，如湖南长沙马王堆汉墓出土的夹绢袜，后跟处开口，开口处用双层素绢缝制用以结系的袜带，袜面处绢的材质较细腻，袜里绢的材质略微粗糙（图 2-40）。也有精致讲究的锦袜，如新疆民丰汉墓中出土的红罽绣花锦袜，锦中花纹繁复细致，并织有绛色、浅驼、浅橙、白色和宝蓝等颜色搭配的汉字“延年益寿长葆子孙”，袜口部分的金边为织锦本身的缘边，整双袜子给人以华丽富贵之感（图 2-41）。

图 2-38　尼雅遗址出土的汉晋红地晕涧绛花靴

图 2-39　马王堆一号墓出土的青丝歧头履

图 2-40　绛紫绢袜

图 2-41　红罽绣花锦

3. 秦汉时期的配饰与妆容

（1）组绶。佩绶制度是汉代服饰制度中的一大特色，汉代佩绶制度明确规定了佩绶的颜色、长度及密度，严格区分身份等级。如皇帝佩戴长两丈九尺九寸的黄赤绶；诸侯、王佩戴长两丈一尺的赤绶；公、侯、将军佩戴长一丈七尺的紫绶等。地位等级越高，相应的绶带也就越长，颜色越繁丽，织物的密度也越高。

官印和绶是汉代官员随身所佩物品，组带是官印上的绦带（图 2-42），绶是用彩色丝缕织成的长条形饰带，系于肚子前侧或腰侧，可以盖住装印的鞶囊，故又称“印绶”或“玺绶”。汉代的绶制基本沿袭了秦代，同时绶的用途有所扩大，不仅可以连接佩玉，同时用以佩刀、佩双印。佩绶的方法有两种：一种是垂系腰间，或正或侧；另一种是用鞶囊盛装，并用金属带钩挂于腰带旁。武将的鞶囊上还绣有虎头纹样，所以又称为“虎头鞶囊”。

图 2-42　西汉淡黄色丝质组带

附属于汉朝的少数民族官员也像汉族官员一样有印绶，早期由朝廷统一发放。佩绶官吏形象经常在汉墓出土的画像石拓片上出现，而佩绶的方式直至明朝都无重大变化，这也代表了中国古代官僚服制的一大特点（图 2-43、图 2-44）。

图 2-43　山东沂南汉墓出土画像石中佩绶的男子

图 2-44　西汉“轪侯之印”铜印

东汉孝明帝时期还订立了大绶制度。大绶是由各种玉制佩件串连而成的饰物，色彩有赤、玄、黄、白、缥、绿六种颜色，如白玉双玉佩，这些玉饰经常在中国各地出土，各玉佩之间由丝绳连接。大绶在日常家居时不可以穿戴，仅限于祭祀、朝会等重要场合使用（图 2-45）。

图 2-45　马王堆汉墓出土西汉玉璧

（2）革带、带钩。在秦汉以前，革带主要为男子使用，女子一般系丝带。在革带中，带钩是非常有特点的，钩弦与腰带的弧度贴合，使用时先将铜钮插入皮带一端的孔洞，使钩背朝外，然后用带钩的钩头钩住皮带另一端的孔洞。带钩除了装在革带的顶端用作束腰以外，小的带钩还可以作为衣襟的挂钩，也可装在腰侧用来佩刀、佩剑，挂鞶囊及珍贵的玉石配饰。

带钩最初主要用于甲胄类戎服（图 2-46），因其使用起来比绅带更方便，后来转用到王公贵族的袍服上。由于带钩露在服装外侧，所以它的造型很受重视，互相攀比带钩的制作是否精美一度风行于上层贵族之间，带钩的形制一般为带有弧度的长条形或琵琶形，长短不一，一般长度在 10cm 左右。

图 2-46　秦始皇陵兵马俑的带钩

中国古代的带钩根据造型可分为曲棒形、琵琶形、耜形、反勺形和鸟兽形。其中，青铜鄂尔多斯虎首带钩为兽形（图 2-47）；山东曲阜鲁故城出土猿形银带钩为猿形（图 2-48），长 16.7cm，通体贴金，猿身微曲，作振臂回首状，眼睛镶嵌蓝色料珠；战国时期鎏金嵌玉镶琉璃银带钩（图 2-49）的工艺十分繁复，该带钩由白银铸造，通体鎏金，长 18.4cm，宽 4.9cm，钩身装饰兽首和长尾鸟形式的浮雕。南北朝以后新型腰带"蹀躞带"出现，带钩逐渐消失。

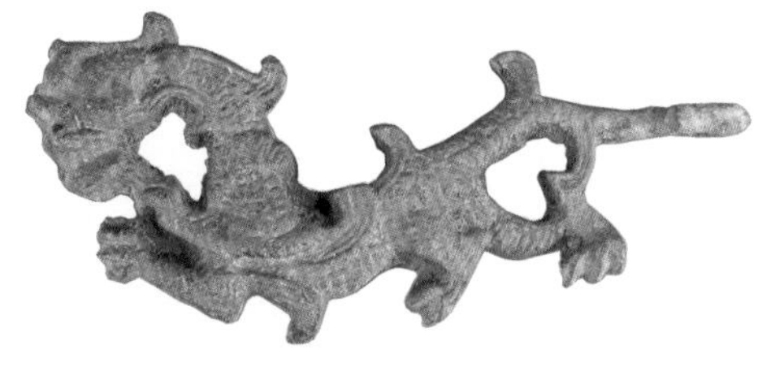

图 2-47　青铜鄂尔多斯虎首带钩

图 2-48　山东曲阜鲁故城出土猿形银带钩

图 2-49　战国鎏金嵌玉镶琉璃银带钩

（3）女子发式与佩饰。汉代女子将头发绾成发髻后盘在头上，用笄固定，并在发髻上插入珠花或步摇等饰物。发髻大致可分为两种：一种是低矮垂髻，梳于颅后，也叫椎髻（图 2-50）；另一种是高髻，盘于头顶，顶发向左右平分的发式普遍流行于秦汉时期的平民女子间，少数贵族女子则梳高髻发式（图 2-51）。秦朝较为常见的有望仙髻、凌云髻、垂云髻等发式。汉代以后，假髻、高髻相继流行，女子的发型样式得到了发展。汉代女子发髻的式样种类丰富，有盘于头顶的，有分至两边的，也有垂至脑后的，通常是将头顶的头发中分形成两股，然后将两股头发编成一束，自下而上绾成各种发式。

图 2-50　椎髻歌舞俑

图 2-51　盘髻歌俑

① 椎髻。椎髻也被称为椎结、垂髻，因其样式与木制椎子相似而得名。梳椎髻的方法是先将头发梳到脑后，归于后背部，再在其末端聚拢成一把，结成小团，这个小团即为椎髻，是当时女子的主流发式。椎髻作为中国最古老的发式之一，简洁易绾，深受广大女子喜爱，也是当时女子贤淑与勤劳的象征（图 2-52）。

② 堕马髻。堕马髻也叫“倭堕髻”，相传为东汉梁冀之妻孙寿所发明，故也称“梁家髻”。梳堕马髻时头发由中间分开为两股，编到颈后形成一股，绾髻后垂于后背，因其形态酷似人从马上跌落时发髻松散下垂的样子而得名。从髻中分出一绺头发，朝一侧垂下，给人以飘逸蓬松的感觉，这种带有妖媚色彩的发式在东汉年轻女子中风行一时，但到魏晋时期就已经绝迹了。在湖南长沙、陕西西安、山东菏泽等地出土的陶俑、泥俑、木俑中可以看到梳堕马髻的女子形象。

③ 高髻。高髻是应用于祭祀等正规场合的发式（图 2-53），一般为妃嫔、命妇、官宦小姐所梳，必须配有簪花等头饰，贵妇梳高髻时若要使用假发，会再用帼进行包裹。帼是一种头饰，用丝帛、鬃毛等材料制成，内衬由金属框架制成，使用起来非常方便，只要套在头上，然后用发簪固定即可，类似于现今的帽子。宫廷中流行的高髻有很多种，如反绾髻、迎春髻、垂云髻、花钗大髻、三环髻、九环髻、飞仙髻、惊鹄髻等。

图 2-52　湖北江陵出土椎髻彩绘木俑

图 2-53　高髻（还原图）

④ 分髾髻。分髾髻是从髻中留出一小绺头发垂于颅后，又名“垂髻”或“分髻”（图 2-54），梳法与堕马髻相似。相传汉武帝的上元夫人喜爱一种名为“三角髻”的发型，这种发型显得人格外飘逸洒脱、随性而不拘束。

⑤ 步摇。步摇是插在头上的一种发簪，汉代时出现，有金、银、玉石等材质，造型多变，如龙、凤、鸟兽、蝴蝶、花枝等形象。步摇的末端一般悬垂金片、珠玉等坠子，戴用时会随着人体动作而摆动（图 2-55）。步摇可插戴在发前，也可插戴于髻后，它的形状与材质都能象征等级与身份，在汉代属于礼制首饰的一种，汉代以后逐渐流行到民间，此后成为女子妆奁中的重要首饰之一。

图 2-54　分髾髻

图 2-55　辽宁北票房身村晋墓 M2 出土的花树步摇

⑥ 其他首饰与配饰。汉代的耳饰可分为耳环、耳钉、耳铛、耳坠等，当时的制作已十分华美，其中耳铛分为粗细两端，粗的一端凸起呈半球状，戴时将细端塞入耳洞，粗端留在耳垂前部作为装饰。汉代女子的颈饰材料有金、银、玉、玛瑙、琉璃、水晶、珍珠等，一般为串珠和项链；手饰有戒指、手镯、玉瑗、缠臂金等；腰饰有带钩和佩玉等。女子饰品中以玉质首饰最为突出，其形制各有不同。

二、魏晋南北朝服饰

1. 魏晋南北朝时期的社会文化背景

魏文帝曹丕建立魏朝后，定都洛阳，从魏至隋的三十余年间，有三十多个大大小小的王朝更迭兴替，不断分裂与融合。晋朝分为西晋与东晋两个时期，这时北方游牧民族文化融入中原文化，同时中原汉人南下，促进了江南的经济文化发展。由世家大族构成的上流阶层，深深影响了晋代的政治和文化，这时的士族文人不以道义为重，盛行清谈之风，儒学中衰，同时，玄学与佛教交会，儒释道融合，并逐渐扩展到平民百姓的生活。晋朝在哲学、文史、艺术、科技等方面皆有新的发展。南北朝是中国历史上的一个分裂时期，南朝包含宋、齐、梁、陈四朝，北朝包含北魏、东魏、西魏、北齐和北周五朝，北朝承继五胡十六国，是胡汉融合的新兴朝代。

北魏孝文帝主张学习汉族规章制度，根据汉族的生活方式进行服饰改革，要求鲜卑人学习汉语、改汉姓、穿汉服，由此加强了各民族间的交流。但由于汉族服装宽松肥大，许多鲜卑族百姓穿着不习惯，很多人并不遵循诏令，而胡服的样式紧身短窄，方便劳作，反而在汉族民间广为流传，最后连汉族上层阶级也开始穿鲜卑服装。南北朝时期胡汉杂居，汉族传统服饰、北方游牧民族服饰、西域服饰相互交流影响，由此开启了中国古代服饰文化的新篇章（图 2-56 ~ 图 2-58）。

图 2-56　河南邓县北朝墓模印彩画像砖中的袴褶胡服形象

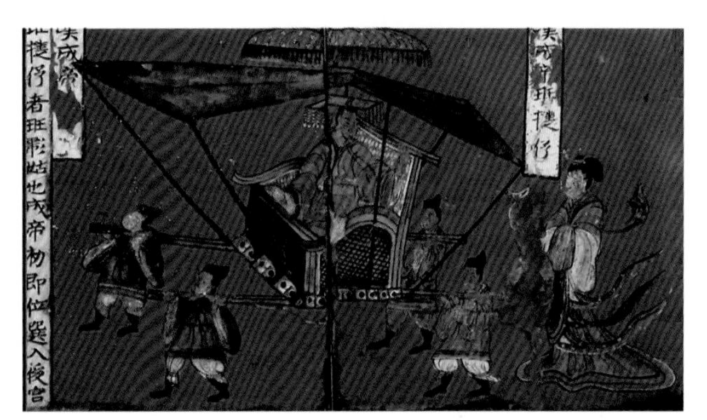

图 2-57　大同北魏司马金龙墓朱漆彩绘屏风中舆夫穿着汉化前的服饰

图 2-58　北魏宁懋暨妻郑氏墓窟画像中汉化后的服饰风格

2. 魏晋南北朝时期的服饰

（1）男子服饰。魏晋南北朝时期士族阶级的服制仍为上衣下裳制，北朝出现上衣下裤制。上着交领大袖衣，衣袖宽博，也称褒衣博带；下着裳，裳的形制一般制成两片，前后各一片，腰部用大带系结。北朝男子也穿襦裙，壁画资料中可见头戴笼冠，上着交领大袖襦衫，下着长裙的男子形象。到南北朝时期，男子上身所着服装主要有袴褶、袍、裲裆衫等样式。

① 礼服与朝服。魏晋南北朝时期君臣最重要的礼服是祭服，形制与汉朝基本相同，唯有衣裳主色有所更改，以紫、绯、绿三色区别九品官职，各级官员按品级穿着官服。帝王服用刺绣十二章纹，三公诸侯用山、龙等九章，九卿以下用华虫等七章，通用织成花纹，侍卫等穿品色衣，并以此为礼服。而由于北周武帝宇文邕推行汉化政策，大力吸收儒家文化，推行周礼，致使北周礼服制度很多根据周礼而制定。

天子与百官的朝服以头戴之冠来区别。帝王的朝服以传统的冕服为主，行大礼时戴冕冠，着朱衣、绛纱袍、皂缘白纱中衣、白色曲领衫等；百官朝服以绛纱为主，官位高者以朱衣为朝服，位卑者则以皂衣为朝服（图 2-59、图 2-60）。

② 大袖衫。魏晋南北朝时期，上至皇帝下至王公贵族都喜好穿着褒衣博带的大袖衫，并成为这一时期的衣着风尚。大袖衫的领、襟、袖口和衣裾都镶有缘饰，形制有两种：一种为交领直

图 2-59 《历代帝王图》中的晋武帝司马炎

图 2-60 《洛神赋图》中戴漆纱笼冠、穿大袖衫的男子形象

襟，衣料长而袖体肥大，袖口宽敞不收敛，有单、夹两种样式；另一种为对襟式，可开怀不系衣带。大袖衫因穿着方便，能体现人的洒脱和闲雅之风，深受以“竹林七贤”为代表的士族阶层、文人雅士的喜爱（图 2-61）。大袖宽衫是汉袍的一种发展，它将袍服的礼服性质消减，更趋向简单与实用，也成为现今商品经济中“汉服”的典型样式。《高逸图》中描绘了这种展现魏晋士大夫的精神气质和风韵姿态的大袖宽衫（图 2-62）。

图 2-61 《竹林七贤与荣启期》砖画

图 2-62 《高逸图》中穿大袖衫的男子

③ 半袖衫。南北朝时期流行一种短袖衣衫，也称小衫。《晋书 · 五行志》中记载了魏明帝曾戴绣帽，穿青白色的半袖衫与群臣会见。当时的宦官也盛行头裹巾子，身穿半袖衫，半袖衫多用缥色（浅青白色），这与汉族传统袍服制度相违，曾被斥责为“服妖”。到隋朝时，半袖衫才成为内官普遍穿着的“半臂”服装（图 2-63）。

图 2-63 身着橘红色圆领半袖衫的辫发骑马俑

④ 袴褶。袴褶由胡服演变而来，一直沿用到五代以后。袴褶

有窄袖褶服和宽袖褶服两种样式，内里往往穿有圆领内衣。在北朝早期流行窄袖褶服，形制为交领，左衽、右衽都有，衣长及膝。宽袖褶服是北朝中后期流行的服装样式，从壁画资料上看多为士族阶层所穿，窄袖袴褶多为耕作的农民穿（图 2-64）。后魏的朝服即为袴褶。山西大同智家堡北魏墓石椁壁画中发现穿着袴褶的画像，其东壁正中一男子头戴垂裙黑帽，着袴褶，上身长衫交领、宽袖，但袖口收紧，领口、袖口与下摆皆镶红边，白色衣服间有粉红色竖条（图 2-65）。

图 2-64　北朝袴褶

图 2-65　智家堡北魏墓石椁壁画中穿着袴褶的男子形象

魏晋南北朝时期，裤有小口裤和大口裤，穿大口裤行动不方便，故用三尺长的锦带将裤管缚住，称为缚裤，一般束在膝盖下，还可调节裤脚的高低。

⑤ 裲裆衫。裲裆衫是男女都穿的一种服饰，也称两裆，其基本形制是前胸、后背各有一幅衣片，无袖，肩部用两条带子连接，在腋下也用带连接，形似现在的背心。裲裆衫在先秦少数民族中出现，盛行于魏晋南北朝，到了隋唐五代依旧广泛穿着，有铁、绣、绵、夹等材质（图 2-66）。

（a）正面

（b）背面

图 2-66　穿着裲裆衫的俑像

⑥ 袍。袍分圆领袍与交领袍。圆领袍从南北朝时期开始流行，按级别定服色，是官员的公服，在隋唐五代时期为官员主要常服。其款式为衣襟交叠，领呈圆形，衣袖紧窄，有长袖和短袖两种形式。北朝晚期的圆领窄袖袍多为短袍，也有少量长及脚腕的长袍服制。交领袍的涉及范围更广，各地出土的文吏俑、笼冠俑、风帽俑等均有穿着交领袍的，部分交领袍的形制为左衽，可能由胡服演变而来。

（2）女子服饰

① 礼服。后妃、贵妇的礼服遵循周礼。后妃有六服相对应，分别为袆衣、榆狄、阙狄、鞠

图 2-67 《女史箴图》中的魏晋女子礼服

衣、展衣、缘衣，前三种被称为“翟衣”或“三翟”。晋代时期出现一种名为袿襹的女式长外衣，也作礼服使用（图 2-67）。

② 襦、裙。女子的燕居服（非正式场合穿着的服装）主要是襦、裙，从贵妇至普通百姓都如此，但在面料、纹样和色彩上有所差别。上身着襦衫，下身着长裙是北朝女子常见的服装样式。

襦有长短之分，长及膝盖的名为长襦；短及腰的名为短襦，又称腰襦。襦衫又分为长袖襦和短袖襦两种，袖子有不同宽窄的款式，长袖襦最为常见，短袖襦的袖长约为长袖襦一半，又名“半袖”，领形多为交领。魏晋南北朝时期，男子也有穿半袖的习俗，图像资料上穿半袖的女子很少见。

女子穿裙是汉代以后才流行起来的，裙由多幅布帛拼合而成，裳为前后两片。汉代时男女皆可穿裙，到南北朝时期，裙多为女性穿着，男子已经很少穿着。南北朝女子所穿裙均为及地长裙，单片裙和多片拼合裙都有，形状有喇叭状和直筒状的，裙上有细密褶裥的称“百褶裙”或“百叠裙”。

图 2-68 山西太原娄睿墓出土女侍俑

襦裙主要有两种穿着方式：一种是襦覆盖在长裙之外，在腰部系带；另一种是裙子外穿，将襦衫下摆束在长裙内。两晋十六国时期开始流行间色裙，间色裙是由两种以上颜色的布幅间隔制成，山西太原娄睿墓出土的女侍俑就穿着红、黑色相间的长裙（图 2-68）。

③ 帔（披帛）。南北朝时期的女子流行披戴帔，上自贵族妇女，下至劳作仆从均可披戴。贵族女子所用多为长帔，劳作女子多用短帔。帔的形状与今天的披肩类似，搭在肩部和手臂上。

（3）冠帽制度（首服）

① 冕冠。冕冠是天子、诸侯、大夫等在祭祀及元会等重要庆典上戴的礼冠，形制上历代大致相同，魏晋南北朝时期冕的主体也依然由冕板、冕旒、冠卷、充耳、组缨、组绶等组成。北朝时的平冕帽身为黑介帻，冕板前后垂下数量按等级区别，最高级别的皇帝之冕有十二旒，皇太子、上公九旒，二公八旒，诸卿六旒，缨与绶的颜色相同（图 2-69）。

② 冠。冠一般由冠圈和冠梁组成，用于固定发髻。起初，头发束髻后直接戴冠，后来在戴冠时，先用包髻，用笄贯穿冠圈和发髻，再在冠圈两侧用丝绳在颌下打结固定。南北朝时期常见的冠有平巾帻和笼冠。

平巾帻也称小冠，造型顶部的前半部低平，后半部向上倾斜，有双耳，上有一圆孔用来插笄，方便固定在发髻上。平巾帻形制较小，仅能覆盖住发髻部分，最初是平民百姓的头巾，后发展为硬质的冠，东晋末年开始流行，沿用至宋代（图 2-70）。

图 2-69 《历代帝王图》中的冕服（魏文帝曹丕）

图 2-70 小冠俑（平巾帻）

笼冠又称武冠，内衬平巾帻，外罩半透明笼冠，左右两侧向下有双耳，可以遮住两只耳朵（图 2-71）。外形酷似汉代的梁冠，有方形和圆形，以梁数区分尊卑，前壁向后倾斜，戴时显得庄重挺拔。在顾恺之的《女史箴图》《洛神赋图》（图 2-72）和阎立本的《历代帝王图》中出现过笼冠，一直到唐代章怀太子墓的墓室壁画中都能找到头戴笼冠的形象，皇帝近臣所戴的笼冠上还装饰了蝉和貂尾。

图 2-71 笼冠俑

图 2-72 《洛神赋图》中魏晋时期的笼冠

③ 帽。帽相对冠来说，属于非正式服饰。鲜卑旧俗散发结辫，不束发戴冠，男子常戴一种顶部扁圆、脑后垂挂长幅的鲜卑帽，三国两晋时期，帽随胡服流入中原，称为“帢”。南北朝时期，上自天子，下至庶人均有戴帽的，当时的帽主要有风帽、纱帽、帢等。

风帽源于北方少数民族，所以又称鲜卑帽、突骑帽等，男女皆用。风帽多为圆顶或尖顶，两侧和脑后垂下以遮住两耳及后脖，有明显遮挡风沙的功能（图 2-73）。风帽的制作材料通常为比较厚实的布帛，制成双层，中间再纳入棉絮，也有用皮毛制作的。河北磁县东魏茹茹公主墓出土有风帽俑，其头戴风帽，穿领口系结套衣，衣衫着红彩。宁夏固原北周李贤夫妇墓出土的风帽俑内穿圆领衫，外穿上衣下裤，头戴风帽。山西大同北魏宋绍祖墓也出土有风帽俑，详制为戴圆形风帽，绕冠有扎带，帽的两侧及后背，皆有垂裙至肩，身穿圆领窄袖长袍，双手握住斜置于胸前，中间有圆孔，以插所执之物。

纱帽本是民间的一种便帽，官员头戴纱帽起源于东晋。南北朝时期，有白纱帽和乌纱帽之分，皇帝在一般场合下也戴白纱帽，士大夫多戴乌纱帽。南朝盛行戴纱帽，北朝时皇帝戴纱帽，臣子一般不戴。

帢形似皮弁，用缣帛缝制而成，据传是由魏太祖曹操所创的白帢，后分为颜帢和无颜帢，即有帽檐和无帽檐的帽子，魏晋时期流行（图 2-74）。

图 2-73　风帽俑

图 2-74 《历代帝王图》中的白帢

有些头饰是此时期的隐士所戴，如云冕、露冕、鹿皮巾等，隐士的穿戴与常人不同。

北朝的民间已经开始流行一种尖顶的胡帽，帽子高顶，尖而圆，大约从西域传入。另外，还有诸如辽东帽、南北朝的高屋帽、北朝兵士的虎头帽、南齐东昏侯制作的调帽等诸多种类的帽子。

④ 巾。巾用来包裹头发，起初不分高低贵贱，冠出现以后，巾则成为庶人的头饰。东汉晚期，王公贵族也开始扎巾。到了魏晋南北朝时期，士人一般先扎巾再戴冠，此时常见的巾有幅

巾、纶巾、幞头、布巾等。

幅巾是南北朝时期常见的头饰，一般由缣帛制成，大多用一幅布帛裁成方形，故称为幅巾，使用时覆在头顶，临时扎系。北朝壁画中可见士人和一般侍者都戴，并以这种幅巾为雅。

纶巾属于幅巾的一种，由较粗的丝带编成，质地厚实，适用于头部保暖，在冬季时深受人们的喜爱。因传说为诸葛亮所戴，所以又叫“诸葛巾”，流行于三国及两晋时期。

幞头，亦名“折上巾”，大约由汉代帕头演变而来，到唐宋时期也一直广泛使用。

布巾是魏晋以后服丧时所戴头巾。

古代束发加冠是男子成年的标志，年满二十岁的男子要举行冠礼，表示成年，依次加缁布冠、皮弁和爵弁，在此之前，男子戴巾不戴冠（图 2-75）。

图 2-75 《斫琴图》中的魏晋男子装束

（4）鞋履（足服）。魏晋南北朝时期的鞋履与前代大体相同，由于男女之足差异不大，有许多鞋式是男女通用的，主要有履、屐、靴等鞋履。

履是用皮、丝、葛、麻等材料制成的鞋子，一般前部上翘，有的在鞋底加木底，通常为正式场合穿着，有圆头、高头、方头等样式。最初履出现时，女子穿圆头、男子穿方头，到了晋武帝初年，女子也着方头，于是男女通用。

魏晋南北朝时期的履一般根据履头的形状命名，如秦时就已出现的凤头履，东晋时的聚云履、五朵履（鞋头制成五瓣，高翘翻卷像云朵）；南朝宋有重台履（鞋底很高，垫有木板，多为高门贵女穿着）；南朝梁有立凤履、凤头履、五色履、分梢履（头部突出两个尖角）、解脱履（相传为梁武帝发明的丝质鞋，无跟，便于禅坐）、云霞履等。魏晋南北朝时期社会上层贵族高官及其侍从多着笏头履，头部高翘、形似笏板的笏头履可以防止穿着者被衣摆绊倒。

木屐，又叫“木履”，前后各有一齿，便于登山。由于木屐做工简单、结实耐用、灵活方便、实用性强，上至天子，下至文人士庶，都喜欢穿。“谢公屐”因南朝的谢灵运喜爱穿着而得名。

着屐和着履在礼节上有所区别，着屐是为了轻便，着履则表示尊敬，在重要的场合如宴会等需穿着履，不得着屐，否则会被认为仪容轻慢，是很不礼貌的举动。但古时妇女出嫁也有穿木屐的，在鞋底上描绘五彩漆画，这种彩绘木屐在东晋时期仍然流行。

靴有长靿靴和短靿靴之分，即长靴筒与短靴筒的靴子。靴早期出现于北方游牧民族，魏晋南北朝前期，以军人着靴为主，到了北朝，上自皇帝下至平民百姓均可穿着靴。北魏时期，北方少数民族穿的六合靴传入中原，北周皇帝亦穿。

女性的足服包括舄、履、靴、袜等，与男性鞋履形制相仿。有丝帛制成的罗鞋、锦履，麻线制成的麻履、线鞋，草葛制成的芒屩，皮革制成的革履等，贵族妇女参加重要礼仪场合时仍然穿舄。南北朝时期的女履形制有圆头履、高头履、笏头履等，其中圆头履多为女侍、仆从形象者穿，壁画中也有女主人及女侍都穿笏头履的，如崔芬墓中西壁上的《墓主夫妇出行图》。

3. 魏晋南北朝时期的发型

魏朝发型有灵蛇髻、百花髻、反绾髻、芙蓉归云髻等；晋朝发型有堕马髻、流苏髻、撷子髻、芙蓉髻等；南北朝发型有飞天髻、随云髻、归真髻、回心髻等。其中蔽髻又称为“大髻”，以铁丝围圈，外编头发，再插上头饰，根据命妇等级的不同以花钗数量表现品秩高低，有严格的制度规定（图 2-76、图 2-77）。

魏晋南北朝时期以高髻为美，因此假发盛行，假发有义髻、假髻、借头、髢髻等称呼（图 2-78）。《隋书 · 礼仪志》中明确记载了假髻是北朝时皇后参加重大礼仪活动的装束，《晋书》中也记载了贵族妇女对于佩戴假髻的需求，贫民女子在有需要时会找人借假髻，因此也被称为“借头”。

图 2-76　魏晋时期的女子发髻

图 2-77　山西司马墓出土的木板漆画中簪花的北朝妇女

图 2-78　东晋灰陶假髻女俑

女子一般不戴冠帽，在户外主要戴可以遮挡风尘的风帽和女官笼冠，北朝时期的女子图像资料中就有头戴笼冠的形象，其形制和男式的几乎相同，可见于河北景县北朝封氏墓群中的女官俑。

4. 魏晋南北朝时期的服装面料与纹样

在魏晋南北朝时期，汉服与胡服不断交流融合，服装的面料和款式也发生了很大的变化，除丝织品外，还出现了棉、棉麻混纺等新型材料。历史上有记载的服装纹样有山云动物纹（图 2-79）、茱萸龙纹、经地交龙锦、绀地勾文锦、蒲桃锦、核桃文锦、斑文锦、桃文锦、凤凰锦、朱雀锦、如意锦缎、联珠孔雀罗等，这些纹样织物有的承袭自东汉，有的由外传入。新疆民丰尼雅遗址中出土了一件织有“五星出东方利中国”文字的山云动物纹织锦护膊，为典型汉式构图，采用青、赤、黄、白、绿五色对应阴阳五行学说，织造工艺繁复之极，能代表汉式织锦技术之高超（图 2-80）。

图 2-79　北朝山云动物纹织物

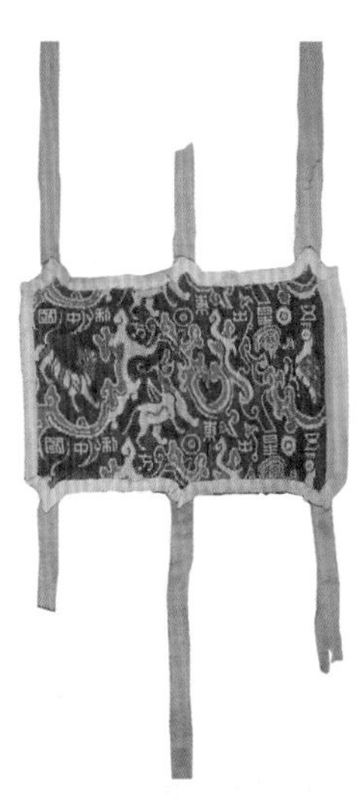

图 2-80　“五星出东方利中国”织锦护膊

在魏晋南北朝时期，也经常出现具有西方民族特征的阿拉伯纹样，如圣树纹样。在佛教的影响下，忍冬纹、小朵花纹以及由莲花、佛像、“天王”字样组成的佛教纹样也很常见（图 2-81）。这些纹样的构图和形式是秦汉时期不曾出现的，一直影响后世的服装样式。

图 2-81　于阗古城遗址出土的毛织品

魏晋南北朝时期的服装面料与色彩图案受南北方民族融合的影响，服装色彩逐渐丰富，妇女们为了美化自己，大肆使用各色衣料，以致朝廷出面干涉才有所收敛。南朝时期周朗曾上书宋孝武帝，建议禁止民间服饰使用锦绣绮罗，要求贫苦劳动妇女只能穿着褐、蓝等色的粗布衣裳。

三、隋唐五代服饰

1. 隋唐五代时期的社会文化背景

隋朝结束了自魏晋南北朝时期以来的长期分裂局面，在经济上实行均田制和租庸调制以增加政府收入，京杭大运河的修建巩固了对东南地区的统治，推进了南北经济、文化的进一步交流。与此同时，隋朝的丝织品产地遍及全国，在产量和质量方面较前代均有发展。

唐朝以长安为首都，唐玄宗开元年间国力达到鼎盛，安史之乱后日渐衰落，至天祐四年（907 年）灭亡。唐朝是中国封建社会的鼎盛时期，在文化、政治、经济、外交等方面都取得了辉煌的成就，是当时世界上最强大的国家。由于兼收并蓄的大国气度，唐代服饰也发展得比以往更加繁荣和辉煌，同时还详细制定了服饰制度，建立了更加完善和系统的官服制度。唐朝服饰不仅保留了隋朝的风格，而且吸收了许多少数民族服饰的特点，由此形成独特的服饰色彩面貌，不仅对历代服饰产生了深远的影响，而且对朝鲜、日本、韩国等周边国家的服饰也产生了莫大的影响。

在隋唐五代时期，统治者设立了专门的织染署来管理纺织印染作坊，染、织分工明确。唐朝服饰面料种类丰富，染织工艺精湛，刺绣技艺高超，服饰图案多样，艺术表现手法广泛，纺织、刺绣、贴花、染缬等技艺进一步发展，丝绸、麻布的产地几乎遍布全国，这些因素为唐朝服饰的发展奠定了物质基础。

2. 隋唐五代时期服饰

（1）男子服饰

① 君臣官服。隋朝初期，隋文帝杨坚规定大裘冕为皇帝服饰，还整理了皇太子和百官服饰的制度，废除了前代不实用的鹖冠、樊哙冠、委貌冠、术士冠、巧士冠、却敌冠等冠服。唐朝初期的服饰制度基本继承了隋朝的制度，直到唐高祖李渊颁布了《武德令》，对帝后、百官、有品阶的贵妇、士庶等各类人士的衣着、配饰等方面都做了详细的规定。该法令中还区别了官员服色，官职三品以上者穿紫色袍，佩金鱼袋；五品以上者穿绯色袍，佩银鱼袋；六品以下者穿绿色袍，不配鱼袋，若有职务高而品级低的官员，仍按品级穿袍，黄袍专供皇帝穿。

② 祭祀服。祭祀服是祭祀时所用的礼服，是各类冠服中最庄严的服饰。古人十分重视祭祀礼仪，有“国之大事，在祀与戎”的说法。在祭祀时，天子、公卿、大夫都要穿冕服，戴冕冠，下佩围裳、玉佩、组绶等一应俱全。

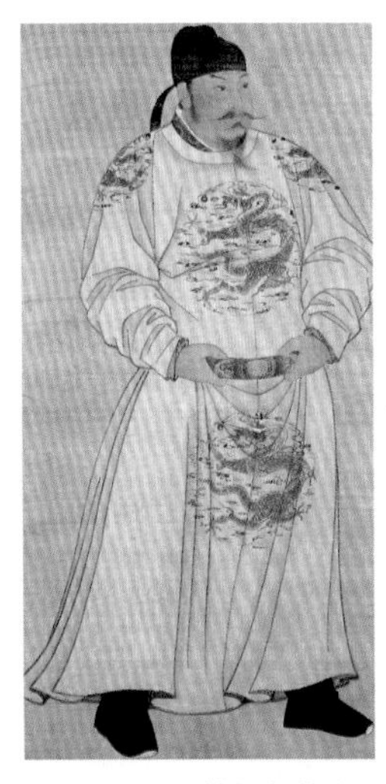
图 2-82　着圆领袍衫的唐太宗

③ 圆领袍衫。圆领袍衫是隋唐官吏的主要服饰，属于常服，可以在多个场合穿着，圆形领口，袍长至脚踝，领口、袖口和止口不加缘饰（图 2-82）。文官的袍衫更长一些，到脚踝以下；武官的袍衫更短一些，到膝盖以下。袍服上的纹样最初为暗纹，到了武则天时期，袍服上绣吉祥的飞禽走兽类纹样，制作材料有绫、罗、绸、绢、纱、绮等，并装饰平素纹、大提花和小提花等图案。穿圆领袍衫的官员，用革带束腰，头戴幞头，脚穿黑色长靴，表现出潇洒、干练的风格。

唐代画家阎立本所画的《步辇图》表现出汉藏友好往来的情景，清晰地描绘了唐朝官吏所穿的圆领袍衫样式。这幅画右侧的步辇上坐着唐太宗，左侧三人站立，中间戴着毡帽的是吐蕃使臣禄东赞，其余两人是唐朝官吏。画中男子除了吐蕃使者，都戴幞头，皇帝也戴着幞头（图 2-83）。

图 2-83　阎立本《步辇图》

④ 缺胯袍。缺胯袍是隋唐时期的典型胡服，也属于圆领袍衫。“缺胯”是指袍衫的两侧都开衩，前期开的衩比较低，后期开的衩逐渐增高，开衩便于行动，譬如骑马时可以将袍衫的一角扎系在腰间，不影响动作（图 2-84）。这种两侧开衩的形式最早来源于军中袍衫，后来被差吏和一般劳作者广泛穿着。缺胯袍对颜色使用有严格的要求，黄色、黑色、绛色、绯色、紫色、绿色、青色、白色这八种颜色被规定为不同人群的服装用色。

（2）女子服饰。从隋朝到初唐、盛唐，再到晚唐，女装经历了从窄小合体到宽松肥大的演变过程。隋和初唐时女装的廓形纤长平直，表现出隽秀之美；盛唐时女装廓形宽肥，裙长曳地，表现出雍容华贵、丰腴饱满之美；到晚唐时女装廓形依然以肥大为主，但整体外形呈吊钟状，表现出凝重、瑞丽之美。

图 2-84 《游骑图》中裹幞头、穿缺胯袍的官吏

受贵族妇女阶层的襦裙横向宽大发展的影响，普通百姓服装的衣袖也逐渐肥大，裙腰高系，外罩短袖半臂。到了唐宪宗以后，衣身肥大之风尚愈演愈烈，女性崇尚丰硕健美。盛唐时期的女装领口越开越大，后世将它视为盛唐女装文化的主流，此时流行的女子着装是对襟衫、袒露半胸、大袖、长裙，肩上披帛，裙腰提高至腋下，仅能盖住胸乳，用大带系结，襦裙由纱罗面料制成，裙长曳地，显得体态修长而美丽。

① 皇后礼服。唐代《武德令》规定了皇后、贵妃的礼服主要有三种：祎衣、鞠衣、钿钗礼衣。祎衣在册封、祭祀、朝会等大事时穿着；鞠衣在行亲蚕礼时穿着；钿钗礼衣包括襦裙服、大袖纱罗衫及发髻上的金翠花钿，以钿钗数目表明地位身份。

② 襦。襦是一种短衣，唐代不同时期的襦在外形上差异很大。唐代初期的襦为窄袖紧身襦，盛唐至晚唐的襦则越来越宽松。唐朝女子的典型着装是上身穿短襦或衫，下穿长裙，腰部系带，外罩轻薄大袖纱罗衫，肩披彩帛，足着高头鞋（图 2-85）。

③ 裙。受南北朝服饰影响，隋唐女子多穿长裙，裙长及地，裙腰高至胸部，下摆呈圆弧或喇叭形，裙的色彩以红、紫、黄、青为主（图 2-86）。唐代的裙子为多片裙，通常由五幅丝帛缝制，也有用六七幅，有的甚至用料九幅以上，过多的用料使裙身肥大宽松，走起路来十分不方便，所以就要穿高头丝履，丝履前面装有一块很高的履头，从长裙的下摆探出，表现出一种富丽潇洒的优美风度。中唐时期年轻女子流行穿一种石榴裙，因裙色红如石榴花而得名，样式为上窄下宽的长裙，是唐朝典型的裙装。

图 2-85 穿着小袖腰襦的三彩女俑

图 2-86 唐代木身锦衣裙仕女俑

④ 衫、袄。短衫指轻薄面料的襌衣，夏季穿用，有对襟及右衽大襟两种，袖子有宽有窄。以大袖纱罗衫为例，大袖纱罗衫的形制为对襟、大袖，以纱罗面料制作，衣料轻薄呈透明状，周昉的《簪花仕女图》中就描绘了这种袒领贵族女装形象（图 2-87）。

袄和衫的款式基本一致，但袄的面料更厚，有夹里。衫、袄受西域民族服装的影响，领型多变，除了交领外，还有直领、圆领、方领、鸡心领、袒露低领和翻领，色彩主要有红、浅红、淡赭、浅绿。

⑤ 帔。帔也称帔子、披帛、帔帛、领巾，是唐代妇女普遍使用的服装装饰，大量见于唐代各个时期的敦煌壁画中。帔是一条长形的巾子，用薄纱制作，上面有印花或织花图案，长度可达2m以上，披在肩背上，缠绕在手臂间，行走时随风摆动。还有一种帔，幅宽较宽，长度较短，多为已婚妇女使用。穿襦裙，外加半臂并佩戴帔是唐朝女子的典型形象（图2-88）。

图2-87 《簪花仕女图》中外披大袖纱罗衫的女子

图2-88 帔

⑥ 半臂。半臂是一种短外衣，盛行于初唐至中唐，晚唐到五代时期渐少。半臂多为对襟，初唐时为宫中女官所穿，后来流行于民间成为常服，衣长短至腰部，分为圆领和交领，领口低至乳沟，一般在袖口和下摆处有缘饰，穿着时与襦裙相配套，套在襦衫外面，在门襟中部或门襟近下摆处系扣，男女皆可穿着（图2-89、图2-90）。

图2-89 穿着圆领套头短半臂的彩釉骑马俑

图2-90 半臂

⑦ 女穿男装。唐朝的女子穿着男装渐成社会风气，在开元和天宝年间最为盛行，流行的主要城市是长安与洛阳。女穿男装的一般形象为：头戴男子软脚幞头，身穿男子窄袖圆领袍衫、缺胯袍，腰间系蹀躞带，穿小口裤，脚穿锦履或六合乌皮革靴。女穿男装是唐朝社会开放的一种反映，女子穿男装，既保持了女性的秀美俊俏又增添了潇洒英俊的风度，唐朝画家张萱、周昉在《虢国夫人游春图》《挥扇仕女图》等古代绘画作品中都描绘了女穿男装的形象（图 2-91 ~ 图 2-94）。

图 2-91　永泰公主墓中的男衣女子俑

图 2-92　三彩男装女俑

图 2-93 《虢国夫人游春图》中穿男装的女子

图 2-94 《挥扇仕女图》中戴幞头、穿男装圆领袍的女子

⑧ 女穿胡服。盛唐时期的女子还流行穿胡服，特别是在京城中的宫廷、贵族女子之间，主要流行回纥族的服装样式。回纥族也叫回鹘族，是现今维吾尔族先民的主体，其服装特点是翻领、窄袖，领、袖和下摆处有锦边装饰，头戴高顶毡帽，腰束蹀躞带，装饰多种饰物，下身穿小口裤，脚穿高靿靴等（图 2-95、图 2-96）。

图 2-95　唐朝永泰公主墓壁画中穿胡服与穿男装的女子

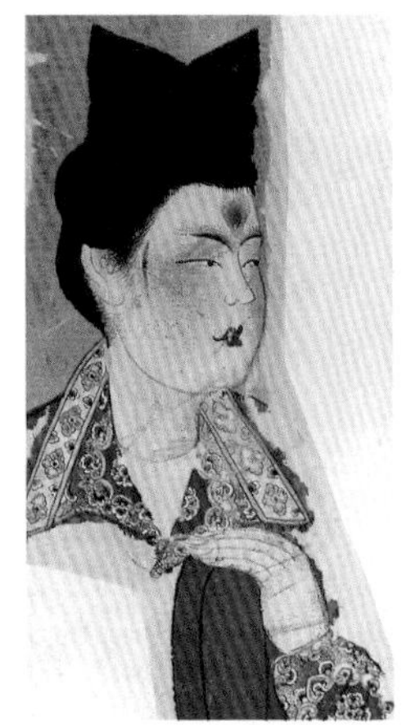

图 2-96　穿胡服的女子

（3）冠帽制度（首服）

① 幞头。隋唐时期，上至帝王、下至平民都戴幞头。幞头出现于南北朝晚期，原名“折上巾”，又称“软裹”，是一种用来包裹头部的软巾，通常用黑布包裹，因此也被称为“乌纱”，五代以后逐渐形成“乌纱帽”。裹幞头时先在额前打两个结，绕到脑后扎成两脚，使之自然下垂，中唐以后前面的结消失了，改用铜丝、铁丝作为支撑，将后面的软脚撑直为硬脚。唐代皇帝所戴幞头的硬脚是向上弯曲的，官吏的向下垂，到了五代，普遍流行双脚平直的幞头。

图 2-97 《唐后行从图》中戴幞头的男子

幞头的形状在各个时期也各不相同，唐初流行平式幞头；唐中武则天时期流行软脚幞头，也称“武家诸王样”；之后又流行英王踣样；唐后期流行衬尖巾子、翘脚巾子等。士庶与官宦闲居时戴平头小样；将尉、壮士戴武家诸王样。英王踣样的顶部圆大，高而前倾，冠顶处分瓣比武家诸王样更为明显；官样的冠顶更长，上方略尖，整体呈塔状。翘脚的形制变化较大，幞头的两脚原为平伸，至五代后期呈上翘状。总体看来，唐代早期的幞头两脚后垂呈垂带子状，唐中期的幞头后两脚缩短形成软脚，五代时期出现以硬丝作支撑而翘起的硬脚幞头（图 2-97 ~ 图 2-101）。

（a）正面　（b）侧面

图 2-98　（唐）垂带子幞头正面和侧面

② 纱帽。纱帽是隋唐时代的帽子，据记载，隋文帝首次戴用。纱帽分为乌纱帽和白纱帽。至唐朝时期，不论身份地位，天子百官、庶民百姓都可

以戴用，到了晚唐之后，乌纱帽成为官员的主要首服，白纱帽则供帝王专用。

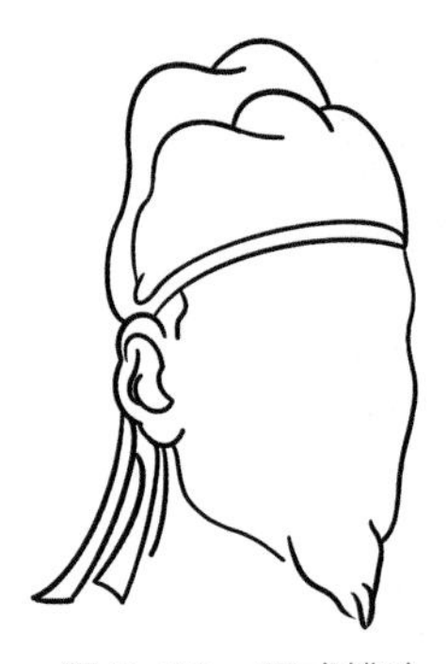
图 2-99　平式幞头（还原图）

图 2-100　武家诸王样/软脚幞头（还原图）

图 2-101　英王踣样/圆头幞头

③ 浑脱帽。浑脱帽是隋唐时期流行的一种胡帽，也称番帽，用毡子做成的叫“浑脱毡帽”，还可以用动物的皮毛、锦缎等材料制作，特点是帽形呈圆弧状，顶部高呈尖圆形，两旁有护耳小扇，裘毛饰边，可翻上折下。唐赵国公长孙无忌首先开始戴这种帽子，后来传入民间引起时人争相效仿，渐渐在社会上流行开来，所以又称“赵公浑脱帽”（图 2-102、图 2-103）。

④ 幂䍦。幂䍦也叫幂罗、幂帷、幂巾等，源于北朝时传入的一种大头巾。幂䍦是隋至唐初女子出门的必备品，即用纱帛罩住头部并遮蔽全身，既可起到防尘作用，又能避免路人窥视（图 2-104、图 2-105），贵妃、贵妇或家庭富有的女子会在幂䍦上点缀珠玉装饰。唐高宗即位后，帷帽代替幂䍦盛行于世。

图 2-102　彩绘陶戴胡帽骑马女俑

图 2-103　穿胡服、戴胡帽的妇女

图 2-104　彩绘釉陶戴幂䍦骑马女俑

⑤ 帷帽。帷帽，也称韦帽、席帽，是一种高顶宽檐的笠帽，在笠帽的周围垂下一层黑色纱帛制成的围帛，下垂至颈部，遮住头部，起到防沙、防窥的作用（图 2-106）。这种帽式也来源于西域，由于王昭君出塞时所戴的是帷帽，所以也叫“昭君帽”。隋唐女子早期流行戴幂䍦，后

来戴帷帽，再后来流行戴浑脱帽。

图 2-105　穿男装、戴幂篱的女子

图 2-106　帷帽

（4）鞋履（足服）

① 六合靴。六合靴是隋唐时期的官靴，“六合”指的是天、地、东、南、西、北，也代表六合靴是由六块皮革拼接缝制而成的，分为长筒靴和短筒靴两种形式，靴头高高翘起，穿起来方便又舒适。隋唐时期的靴是礼服的一部分，被指定用于朝服。

② 履。士族男子普遍穿丝履，制作材料一般有丝、锦、绫等布帛，也有用蒲草编成的草履，当时的草履编织技术已经很精湛。履头高翘，通常分为圆头、平头还有歧头。

③ 女子鞋履。隋唐时期女子的鞋履品种多样、名目繁多，有高头履、云头履、凤头履、圆头履、平头履、麻线鞋、锦缎靴、丝履等。唐朝妇女最常穿高头履，也叫“重台履”，鞋的前部高高翘起，形如重台；云头履因其翘头形状如同云朵而得名（图 2-107）；麻线鞋用粗麻绳编厚底，细麻绳编鞋面，鞋面结构疏朗，中间镂空（图 2-108）；锦缎靴的靴筒较高，装饰有彩色刺绣，上方用带子抽紧；女子丝履的样式与男子差别不大，区别在于鞋头的形状和鞋面的刺绣装饰。

图 2-107　唐代云头履

图 2-108　新疆吐鲁番唐墓出土的麻线鞋

3. 隋唐五代时期的女子妆容

（1）画眉。唐代出现的画眉手法众多，盛唐时期的女子为了画眉，常将原来的眉毛剃除，然后用碳柳条或者青黑石黛画出各种眉形，这种眉毛被称为“黛眉”。总体来看，唐初主要画细眉，唐中主要画阔眉，晚唐时期又回到细眉，并且各种眉妆并存，画眉手法分为扫黛和薰墨。唐玄宗时期的十眉图描有鸳鸯眉、小山眉、五岳眉、三峰眉、垂珠眉、月棱眉、分梢眉、涵烟眉、拂云眉、倒晕眉（图 2-109），我们可以从古代诗歌、流传画作中窥见唐朝女子眉妆的嬗变。

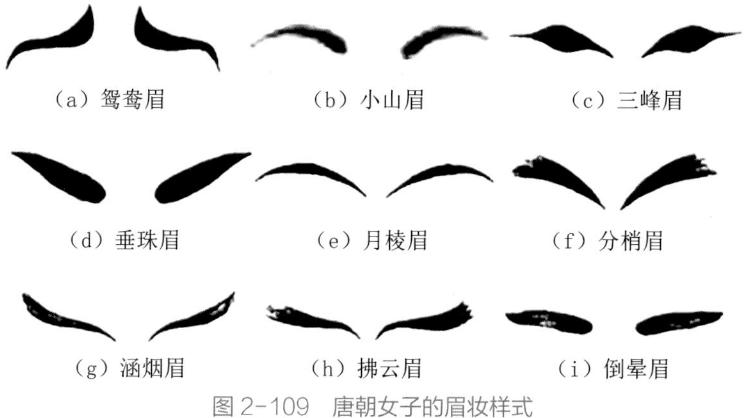

图 2-109　唐朝女子的眉妆样式

（2）化妆。隋唐时期女子的妆容有多种，如花钿妆、斜红妆、寿阳妆、蛾眉妆、啼妆、飞霞妆等。化妆顺序一般是：敷铅粉、抹胭脂、涂鹅黄、扫黛眉、点唇脂、描面靥、贴花钿。

花钿妆一般分布在眉宇、面颊、太阳穴等处，用丹青、朱砂等材料描绘或者用金箔、纸、翠羽、珍珠等物贴出纹样。花钿多为梅花状、小鱼、小鸟，纹样多变，还有牛角、扇面等形状，是唐代最具特点的面部妆容（图 2-110、图 2-111）。

图 2-110　花钿妆、斜红妆、面靥齐备的女子妆容

图 2-111　唐朝花钿妆造型举例

斜红妆也称酒晕妆、胭脂妆，最早的画法是蘸取朱砂、胭脂在太阳穴处涂抹出月牙形（或伤痕状、卷叶状），到后来发展为朝霞余韵状。化妆时先敷铅粉，将胭脂在手掌上调匀后，搽在两颊，看起来像是一抹斜阳（图 2-112、图 2-113）。

画蛾眉妆时需要先将眉毛全部拔去，再用眉黛在靠近额中的地方描出形状短阔、末端上扬、略呈三角形的短眉（图 2-114）。

图 2-112　月牙状斜红妆

图 2-113　朝霞状斜红妆

图 2-114　蛾眉（桂叶眉）妆

寿阳妆又称梅花妆、落梅妆，起源于南北朝时期的寿阳公主。梅花落于公主额上留下五瓣印记，娇俏美丽，宫人见后争相效仿，一直流行到五代时期。

啼妆盛行于唐朝元和年间的长安、洛阳等地，流传自西北少数民族。其特征是两颊不抹胭脂，在唇上涂黑色口脂，眉毛描成八字形，看起来怪诞离奇，状似悲啼（图 2-115）。

（3）发式。唐朝女子的发型与发饰种类繁多并不断创新，根据文献、画作、雕塑、壁画所展现的女子发式有髻、鬟、鬓和假发。

发髻是将发丝梳到头顶或脑后盘成各种形状的头发造型，从造型上分为单髻、双髻，高髻、低髻，小髻、大髻等；从发式上分为半翻髻、云髻、罗髻、惊鹄髻、双环髻、望仙髻、盘桓髻、倭堕髻、乌蛮髻（图 2-116）、回鹘髻等近百种。初唐流行的发髻结构相对简单，也较低平，唐太宗以后开始流行各式高发髻，发髻上插入金玉簪钗、犀角梳篦、宝石鲜花等装饰。

图 2-115　啼妆

图 2-116　彩绘持镜乌蛮髻女立俑

鬟是将头发盘在头顶或脑后的空心发式，隋唐时期的双鬟为大多数少女、侍女所喜爱，贵族妇女多梳大高髻。

鬓指两颊靠近耳朵的头发，俗称“鬓角”或“鬓脚”，将鬓发梳拢成型，可以搭配髻或鬟，突出发髻的美感，唐代流行蝉鬓和云鬓。

隋唐时期流行高发髻，但由于自身头发不足，假发随之盛行。假发也叫“髲髢”或叫“义髻”，隋唐时期的假髻为贵族妇女专用，分为低垂型和高耸型两类，可在敦煌石窟、石椁线刻画、女俑雕塑及古代绘画中看到大量的高发髻形象（图 2-117 ~ 图 2-120）。

图 2-117　鬟发垂髻女俑

图 2-118　单刀半翻髻女俑

图 2-119　堕马髻女俑

图 2-120　着华服的高髻女子

第二节　西方中古服饰

中世纪是西方服饰由古代二维的平面结构向三维立体结构转变的重要节点。中世纪开始形成的这种服装结构观念一直影响着整个西方服装发展的过程，直到今天人们依然沿袭着这样的服装结构模式。中世纪也是西方服装裁剪史上一个重要的时期，专业裁缝最早出现在中世纪。在古希腊、古罗马时代制作衣服是女子的工作，但随着时代的发展，服装裁剪与缝制的工作逐渐被男人取代。到 1306 年巴黎已大约有 700 位专业裁缝，而这些裁缝基本上都是男性。史学家们认为，由于中世纪特殊的服装样式以及人们对服装式样的重视与服装裁剪的偏好，此时出现了个性化服装，如色彩的选择、面料的质地、服饰的搭配和装饰品的选择等。

一、拜占庭时期服饰

1. 拜占庭时期的社会文化背景

330 年罗马皇帝君士坦丁一世迁都拜占庭，并改名为君士坦丁堡，即现在土耳其的伊斯坦布尔。罗马帝国分裂后，西部仍然称为罗马帝国即西罗马，而东部东罗马被后世史学家以拜占庭都城来命名即“拜占庭帝国”。476 年西罗马由于奴隶起义和日耳曼人入侵而灭亡，自此欧洲结束了奴隶社会，进入封建社会。西欧形成了封建割据的局面，各新兴封建帝国也进入了常年混战、政局紊乱、文明没落、民不聊生的动乱时代，基督教则变成人类的一个精神支柱。

与此同时，拜占庭帝国却繁荣了长达 1000 余年之久，在这期间，君士坦丁堡一直延续并发扬着古希腊、古罗马和东方世界的诸多传统文明。总的说来，拜占庭文化是古希腊、古罗马的艺术理念与东方神秘主义结合基督教文化这三种不同文化的混合体，它的主要思想内容是崇拜帝王和传播基督教神学，为巩固贵族阶级的统治服务，这一文化在世界上产生了巨大而广泛的影响。

2. 拜占庭时期的服饰

中世纪前期东西欧的文化交流较少，服饰上差异较大。东欧以拜占庭文化为主导，男女服装主要在裁剪与装饰细节上有所区别，初期主要沿用了古罗马帝国的款式，但质量有所提高，装饰增多，色彩更为丰富。由于中世纪宗教盛行，全社会推行禁欲主义，因此男女服装包裹严实，不露肌肤，掩盖体形，造型皆为长袖直筒型，主要材料为丝绸、亚麻等。服装由过去的缠绕包裹式变为缝制式，服装结构更加清晰，随着基督教统治的不断加强，服装外形逐渐变得死板、僵硬，服装表现的重点开始转移到衣料的质地、色彩与装饰纹样上。

受基督教文化的影响，服装呈现一种否定人的存在的抽象性与彻底的宗教性，主要表现在上层阶级与贵族的服饰过度华丽奢侈，用大量的珍珠、翡翠、红宝石装饰全身，使服装尤为厚重，形成了拜占庭时期独特的服饰文化特点（图 2-121）。

西罗马帝国于 476 年灭亡，当时日耳曼人的衣着形式以分体式结构居多，该样式分为上衣与下衣以便于活动，但由于受到寒冷气候的影响，其服装多为封闭式的且窄小紧身、包裹四肢的样式。后来受到罗马人服饰特征的影响，男性服饰在丘尼克和长裤外披上古罗马式的萨古姆（由托加演变而来的一种实用外衣），而女性服饰则沿袭了西罗马帝国末期的达尔玛提卡服饰。

图 2-121　拜占庭时期服饰

（1）达尔玛提卡。达尔玛提卡（Dalmatica）是一种富有宗教色彩的服饰。其造型为连衣筒状，是没有性别区分的中性服装，结构单纯而朴素。它是把布料裁成十字形，中间挖洞（领口），在袖子下方与体侧缝合的宽松的贯头衣（图 2-122）。衣片前后从肩到下摆装饰两条红紫色条饰，如同罗马时代流行的克拉比，在古罗马时期克拉比也是身份和地位的标志，使用在贵族服装上。达尔玛提卡在古罗马居民中逐渐普及后，克拉比作为基督血的标志，不再具有划分等级的含义，而是纯粹作为一种具有强烈宗教色彩的装饰，一般平民百姓都可以随意使用。

早期的达尔玛提卡通常由原始的羊毛、麻和棉织物制成，穿着时通常不系腰带，以宽大为其特点。男子的衣长可及膝盖以上，女子的则多长至脚踝。4 世纪后，女子的达尔玛提卡袖口变宽，胸部多余的量被裁掉，从而逐渐能显出身体的自然形态。为了便于活动，男子的达尔玛提卡袖子明显缩窄。这是通过裁剪方法使衣服合身的第一步，也是中世纪服装追求裁剪技术的前兆。这意味着服装逐渐脱离传统，进入了一个新的发展时期。

（a）《查士丁尼及其随从》局部

（b）还原图

图 2-122　达尔玛提卡

（2）帕鲁达门托姆。帕鲁达门托姆（Paludamentum）是一种斗篷式长袍，又称“拜占庭斗篷”，是拜占庭时期最具代表性的外衣，被列为一种正式的庆典礼服。这种庆典礼服的颜色和服饰品的多少，根据穿用者的社会地位与等级的不同而有所区别，如紫色长袍只能由帝王和皇后享用。其造型沿用古罗马斗篷式大袍式样，用方形面料制成，最初用料多为羊毛，到拜占庭时期，作为皇帝及高级官员外衣，衣长变长，面料多改用丝织物，方形变成梯形。为了表示权贵，在胸前缝一块方形装饰布，类似中国明清时期的“补子”，上面常绣有金色纹样（图 2-123、图 2-124）。

图 2-123 《查士丁尼及其随从》（局部）

图 2-124 《提奥多拉皇后与宫女》（局部）

（3）罗鲁姆。罗鲁姆（Lorum）是一种形式化的装饰条带，是拜占庭时期比较典型的服装样式（图 2-125）。它用宽为 15 ~ 20cm 的长形布带做成，上面有华美的刺绣和珍珠、宝石等贵重物品装饰，是由古罗马末期象征荣誉与权力的披肩式服装演变而来。穿时把一端自右肩垂至脚前，剩余部分自后颈搭回左肩，再经胸前交叉至右腋下，用腰带固定后，再从右腋下拉回到左侧搭在左手腕上。罗鲁姆主要为拜占庭时期帝国皇帝和皇后以及大主教等上层人物穿用，通过服饰显示其高贵的身份和显赫地位。

（4）霍兹。霍兹（Hose）是一种紧身裤，是拜占庭时期上层贵族男装的典型服装样式之一。在古罗马时期，裤子被认为是野蛮的服装。当时的贵族阶层，尤其是统治阶级拒绝穿它。然而在东方服饰文化的影响下，拜占庭帝国不仅接受了这种服饰文化，而且皇帝也穿上了长裤。当时的裤子有紧和松两种，但是都装饰有丰富的抽象几何图案，更符合拜占庭时期人们的审美标准。

图 2-125　罗鲁姆

3. 拜占庭时期的纺织品

丰富的服饰面料也是拜占庭文化在服饰上独树一帜的特点。拜占庭时期西方有了自己的丝织业且非常发达，将丝绸生产家庭化是拜占庭帝国对世界服饰业做出的最重要的贡献。拜占庭时期欧洲已经逐渐开始从中国进口生丝并自己织造丝织品，当时丝绸的生产集中在希腊南部地区。流行的服饰面料有塔夫绸、锦缎、天鹅绒、带金银提花的织锦、亚麻、羊毛等。丝绸作为皇家垄断的原材料，它的买卖也由官营商人严格控制，没有皇室的许可，平民不得随意穿着丝绸服装。长久以来，丝绸生产在西方一直显得非常神秘，对于当时的西方人来说，完全不了解华丽的丝织物居然是用蚕丝制成的，也没有掌握丝织技术。最初是拜占庭人到中国进口丝绸，但要经过漫长的贸易路线。直到 552 年，两个波斯人偷偷从中国带回一节中空的竹子，竹子里藏着蚕和桑树种子，从此西方人开始有了自己的丝绸。

拜占庭时期可以织造出一种六股丝的锦缎，这种锦缎非常厚实，丝绸上还可以绣上金线装饰，绣有中国龙凤图案的中国丝质长袍偶尔也出现在拜占庭帝国。紫色的丝袍为皇帝和皇后专用的服饰，高级教会人士则穿着织金绣银的锦缎教袍和法衣，普通人的服饰多为棉布和亚麻织物质地，款式多为长袍、丘尼克和霍兹裤。

4. 拜占庭时期的配饰与妆容

（1）发型与帽饰。拜占庭时期男子盛行留短发，女子则原封不动地继承了罗马帝国末期的女子发型，偶尔用绑带把头发束扎起来。这个时期男女基本都不流行戴帽子，只有王室人员和农夫例外，皇帝所戴王冠和教主所戴帽子多装饰宝石、珍珠与金质饰带，而农夫多戴宽边草帽和无檐便帽。

（2）贝尔。贝尔（Veil）是一种由轻薄的丝织面料制作的面纱，包在或披在头上，为缓和达尔玛提卡造型单纯、朴素的僵硬风貌而使用的一块长方形的布（图 2-126）。其大小种类繁多，用料广泛，色彩丰富，一般都是无花纹的素色织物或有条饰的织物，也有混织金线的豪华织物，还有的在织物边缘加上流苏装饰。新娘子用的面纱，罗马末期使用深橘色，基督教时代规定用紫色或白色。

（3）首饰。面料华贵、色彩艳丽的服饰品是拜占庭时期独特文化的重要组成部分。从意大利拉韦纳的圣维塔列教堂壁画中可以看出，皇后身穿盛装，所戴的王冠、耳环、项链、装饰针，以及衣服的下摆与鞋面等处都镶嵌着各种珍珠、宝石（图 2-127）。拜占庭时期受东方阿拉伯文化影响，珐琅制作技术以及金银首饰加工技术非常发达。

图 2-126 贝尔（《阿尔诺芬尼夫妇像》局部）

图 2-127 拜占庭时期的首饰

（4）鞋履。拜占庭时期的鞋履制作明显受东方服饰文化影响。男子一般多穿长及腿肚子的长筒靴，紧身的裤子常常塞进长筒靴里。贵族女子和上层阶级则穿着颜色鲜艳、镶嵌着宝石和装饰珍珠、绣金线的浅口鞋。

（5）妆容。中世纪前期的欧洲人都不怎么注重妆饰，故而有“无妆时代”之称，即使地处近东、崇尚奢华的拜占庭人也受到基督教义的束缚，在化妆上持谨小慎微的态度。但在使用香水方面却十分流行，在君士坦丁堡，香水师和其他工艺师一样，享有很高的社会地位，生产香水、肥皂和蜡烛以及养蚕、制革等都是拜占庭社会重要的贸易活动。拜占庭人还发明了彩色玻璃，将彩色玻璃制作成各种小镜子，但是这些小镜子的装饰功能远远大于其实用功能。

二、罗马式时期服饰

1. 罗马式时期的社会文化背景

在欧洲历史上一般把 11～12 世纪称为“罗马式时期”。所谓“罗马式”是指一种艺术风格，不同于罗马风格，实际上是日耳曼人在长期接触罗马文化及拜占庭文化的过程中，逐渐与其融合，加之基督教的普及所产生的宗教精神的影响，而形成的南北方与东西方文化混合的新文化。在建筑上表现尤为突出：罗马式建筑的设计与建造都以拱顶为主，以石头的曲线结构来覆盖空间，墙壁厚实，窗户狭小，强调明暗对照，装饰简单粗陋。

此外，在 11 世纪末期，罗马天主教会和西欧的封建主向地中海东岸各国发动了 9 次历时两个世纪之久的侵略战争——十字军东征。这场战争以宗教为掩饰，实则是为了夺回被伊斯兰教徒占领的基督教圣地耶路撒冷，最终演变成大规模的军事殖民战争。战争造成了成千上万的人死去，土地荒芜，严重破坏了西亚和东罗马的社会生产和文化，但是打开了东西方文化交流的大门，东方珍宝、布匹和服饰被十字军带回欧洲。欧洲人被东方服饰的魅力吸引，促进了东西方的文化与商业交流，与服饰相关的材料打破了地方的制约得以流通，服饰文化从质和量上都得到提高。

2. 罗马式时期的服饰

罗马式时期的服饰是南方型的罗马文化与北方型的日耳曼文化和由十字军带回的拜占庭文化的融合。与当时建筑的特点类似，表达了人们心目中的信仰生活以及由此产生的追求心理安定的强烈愿望。在服饰上则表现为不显露体形，从头上垂下面纱把全身掩盖起来，呈现出僵硬的外形。罗马式时期是日耳曼人吸收基督教和罗马文化后，逐渐形成独特的服饰文化的过程，到了罗马式后期，开始出现收紧腰身显露体形曲线的服饰，这是在衣服上显示性别的征兆。

（1）布里奥。布里奥（Bliaud）是罗马式时期一种特有的外衣，从达尔玛提卡演变而来，其造型是长筒形丘尼克式，用料有丝织物和毛织物，领口、袖口和下摆都有豪华滚边或刺绣缘饰，可以看出受拜占庭文化的明显影响。一般情况下，男子的布里奥比较短，长及膝或腿肚子；女子的布里奥长于男服盖住脚面，袖子变化最多，成为这一时期服装上最有特色和精彩的部分。袖口宽大呈喇叭状，极端的袖子袖口宽得拖到地，有的还在袖子中间打个结，形成一种独特的装饰（图 2-128）。

图 2-128　布里奥

（2）曼特尔。曼特尔（Mantel）是一种无袖的卷缠状或披肩状的长披风，是男女皆用的外出服，其形状有圆形、长方形以及椭圆形等形状，上面还常带有风帽。一般在胸前或肩上用纽扣或丝带固定，也有套头式的。面料常用羊毛织物、锦缎等丝织物，多用金银线、彩色丝线作边缘装饰，披风的面料颜色与里子面料颜色时常为对比关系，走动时形成时隐时现的神秘效果。男子的曼特尔在 11 世纪以前衣长及膝，后来随着逐步的变化，曼特尔也变成长及脚踝并且有缘饰的豪华衣物，成为等级、身份的标志之一。

（3）科尔萨基。科尔萨基（Corsage）是一种女子为了御寒在布里奥外穿用的紧身背心一样的胴衣。领口滚边，背后开口，穿时用绳或细带系合，上层社会的贵夫人还常在上面缀以宝石，有的科尔萨基下面还连着裙子。中间系一条腰带，上面垂挂一个用丝绸或皮革制作的小口袋，里面装有零钱、食物，此习惯可能与当时基督教盛行，便于向穷人施舍有关。

（4）鲜兹。鲜兹（Chainse）是罗马式时期一种白色亚麻织物的内衣，其造型修长，领口多以数排丈绳或金银线滚边作边缘装饰，衣长及地。袖子紧身窄瘦，袖口一般都装饰精美的刺绣图案和饰带（图 2-129）。

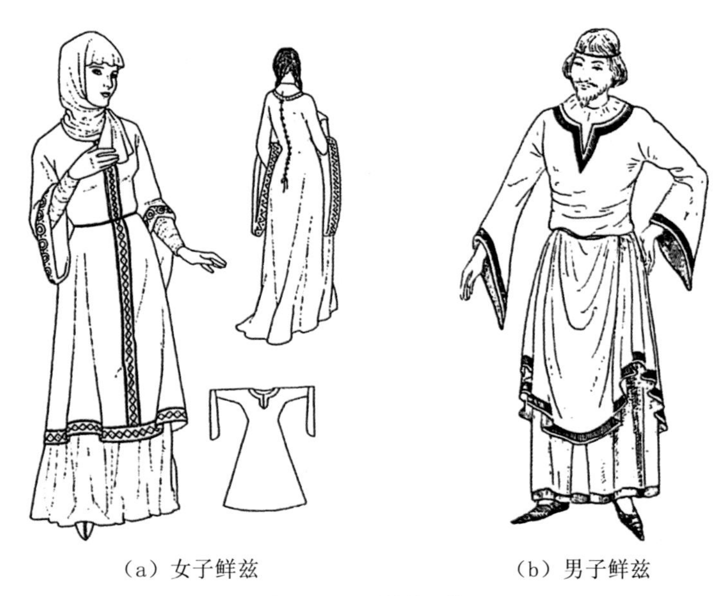

（a）女子鲜兹　　（b）男子鲜兹

图 2-129　鲜兹服饰

3. 罗马式时期的配饰与妆容

西欧的日耳曼人流行以长发为荣、以短发为耻辱的习俗。男子头发长齐肩，女子把长发编成发辫垂在身后，也有用羊毛制成的假发，常喜欢把头发或假发染成红色，后来受罗马文化的影响开始模仿东欧服饰文化。12 世纪后半叶，女子出现明确的发型，即两条长长的发辫，一般都长垂至胸前，也有的垂至膝。罗马式时期初期，男子留长发，后来曾一度剪短，但不久又流行长发，到 12 世纪末，贵族们又把长发剪短，并烫成卷，用缎带系扎起来。

三、哥特式时期服饰

1. 哥特式时期的社会文化背景

从 13 世纪开始至 15 世纪，欧洲进入了“哥特式时期”。“哥特式”一词来自文艺复兴时期，是意大利人对中世纪建筑等美术式样的贬称，含有“野蛮”的意思。“哥特式”由“罗马式”发展而来，代表了中世纪基督教文化的最高水平。就建筑式样而言，一反罗马式建筑厚重阴暗的半圆形拱顶，广泛采用线条轻快的尖形拱券，造型挺秀的尖塔，轻盈通透的飞扶壁，修长的立柱或簇柱，加上大型彩色玻璃窗，整个建筑显得轻盈挺拔，使人仿佛恍惚中超脱尘世，与上帝、天堂越来越近（图 2-130）。

十字军东征以后，随着东西方贸易的加强，欧洲在大量进口东方丝织物及其他奢侈品的同时，自己的手工业也得到了发展，工种被细分化，如服饰业就被细分成裁剪、缝制、做裘皮、滚边、刺绣、做首饰、染色制鞋以及做发型等许多工种和专门性的作坊。染织技术的发展使当时的衣料大为改观，西欧很多地区的毛织物产业发达起来，使得文化匮乏的日耳曼人的生活水准得以提高。服装变得更为华丽，新兴贵族的宫廷生活和服饰潮流表现出哥特式时期独特的文化特征。

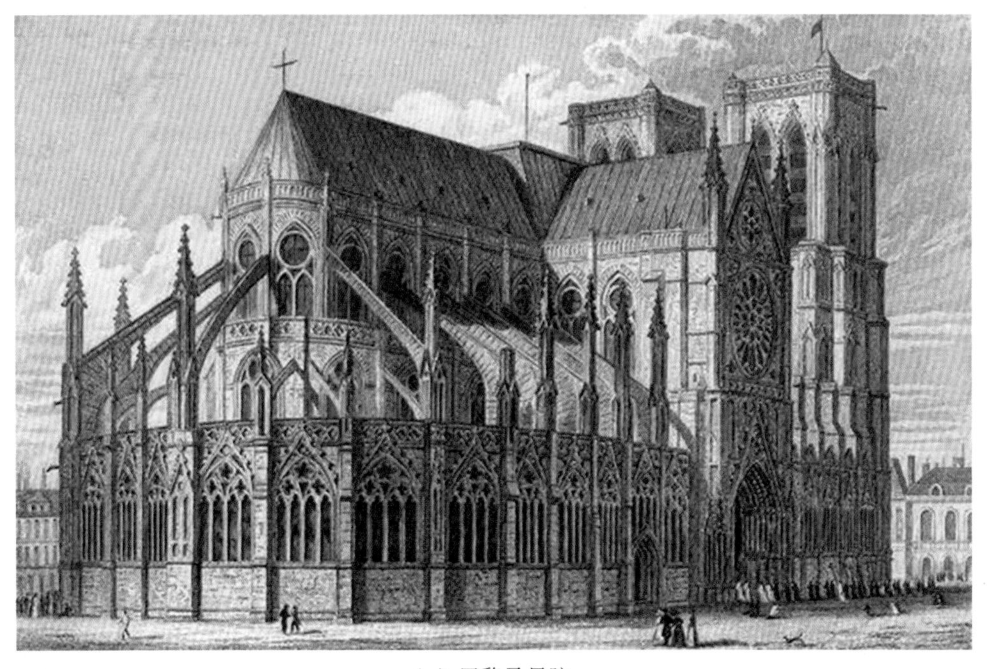

（a）巴黎圣母院

（b）米兰大教堂

图 2-130　中世纪哥特式建筑

2. 哥特式时期的服饰

哥特式样的建筑风格也影响着服装与饰品的风格及款式变化。中世纪服饰中的很多元素都是哥特式建筑艺术在服饰上的表现，如女性的汉宁帽、男性的波兰那。从这个时期开始，西方男女服饰在款式上的区别越来越分明，女性服饰逐渐向裙装形式演变，男性服饰则逐渐向二部式样转变。

13 世纪，罗马式时期产生的那种收腰身的合体意识得到发展和强调，出现了立体化的裁剪手段，使包裹人体的衣服由过去的二维空间构成向三维空间构成方向发展。此时制衣技术的变革中最具代表性的便是格陵兰衣裙，它是古代剪裁技术与近现代裁剪技术的分水岭。格陵兰衣裙在裁剪方法上出现了新的突破，新的裁剪方法是从前、后、侧三个方向去掉了胸腰尺寸之差的多余部分，这就是我们现在衣服上的“省”。特别是服装从袖根到下摆，在衣侧加进数条三角形布，这些不规则的三角形布在腰身处形成许多菱形空间，这样就构成了立体效果。在格陵兰衣裙上同时运用了增缺减余的方法（现代裁剪术也正是依据这个基本原理进行的），正是这种技术的运用才把衣服的裁剪方法从古代的二维空间构成的宽衣那里彻底分离出来，确立了近代三维空间构成的裁剪制衣方法。

从此，东西方服装在构成形式和构成观念上彻底分道扬镳，其中省的出现和利用发挥了关键作用，省改变了只从两侧收腰时出现的不合体的横向褶皱，把躯干部分的自然形表现出来，人体（特别是女性）的曲线美由此产生。

（1）希克拉斯。希克拉斯（Cyclas）是 13 世纪流行的一种男女无袖宽松外套。因使用地中海的基克拉泽斯群岛产的豪华丝织物“希克拉斯”而得名。希克拉斯造型多种多样，其共同特征是前后衣片一样，未婚女子的希克拉斯最为华美，两侧一直到臀部位置都不缝合（图 2-131）。希克拉斯分常服和礼服两种，礼服的衣长相当长，拖地，下摆处常装饰有流苏。

图 2-131　希克拉斯

（2）科塔尔迪。科塔尔迪（Cotrhardi）是 14 世纪出现的外衣，起源于意大利，从腰到臀非常合体，在前中央或腋下用扣子固定或用绳系合，领口大得袒露双肩，臀围往下插入很多三角形布，裙长托地，袖子为紧身半袖，袖肘处垂饰着很长的别色布，叫“蒂佩特”。臀围线装饰的腰带是合体的上半身和宽敞的下半身的分界线。男子的科塔尔迪是紧身合体的丘尼克型衣服，衣长在臀围线上下，一般为前开，用扣子系合，袖口开得很大，可以及地（图 2-132、图 2-133）。

图 2-132　科塔尔迪

图 2-133　家徽图案装饰的科塔尔迪

图 2-134　萨科特

（3）萨科特。萨科特（Surcotouvert）是 14 世纪女服中流行的一种罩在科塔尔迪外面的无袖长袍，从修尔科发展而来，袖窿开得很深，前片比后片挖得更多（图 2-134）。萨科特的面料常用鲜明的单色，里子用色、用料都与面料不同。设计和着装时，不仅要考虑表、里的色彩搭配问题，还要考虑科塔尔迪与萨科特的色彩调和关系。萨科特胸前装饰一排扣子，扣子常用金属或宝石制成。着装时，这排扣子与里面科塔尔迪装饰腰带上的宝石装饰，以及穿在科塔尔迪里面的科特那紧袖口上的扣子相互呼应。所以人们认为萨科特是这一时期追求服饰综合美的典范。

（4）家徽长袍。家徽长袍又称纹章衣，是指中世纪后期在服装上装饰自己家族图徽的服装。14 世纪时，人们流行把自己家族的家徽图案装饰在衣服上来显示自己的身份和地位。西方的家徽纹章最早出现在 13 世纪十字军东征的军装、军旗上，目的是快速识别、分清敌我，防止作战误伤自己人，后来这种家徽图案就成了显示自己身份和所属家族的标志。家徽图案一般都在规定的盾形中表现。纹样题材多以动植物为主，鹰和狮子最为常见，也有天体（日月星辰）和人物图案。已婚女子要把自己娘家和婆家的家徽分别装饰在衣服的左右两侧，地位高的一方装饰在左侧，子女一般继承父亲一方家族的家徽（图 2-135）。

图 2-135　女子家徽长袍

（5）普尔波万。普尔波万（Pourpoint）为一种上衣。其结构紧身，衣长到腰或臀部，对襟前面用扣子固定，胸部用羊毛或麻屑填充，腰部收细，袖子为紧身长袖，从肘部到袖口也用一排扣子固定，早期无领，后来出现立领。普尔波万在结构和工艺上有三大特点：绗缝、前开、多纽扣。所谓绗缝，是指在两层布中间夹上填充物后，用倒针法绗缝；前开指衣襟在前面对开，改变了中世纪套头式的样式，穿脱方便；多纽扣是强调衣服的门襟与肘部至袖口处钉上了密密的纽扣，当时扣子已成为一种重要的装饰。贵族服装上的扣子多用贵金属和宝石制成，一件衣服中扣子的数量也多得惊人，前门襟最多达 38 粒，袖口处多达 20 粒。从此，扣子正式进入欧洲的历史。波尔普万从 14 世纪中期起，一直延续了 3 个多世纪，成为欧洲男子的主要上衣之一（图 2-136、图 2-137）。

图 2-136　普尔波万

图 2-137　穿普尔波万的男子

（6）肖斯。肖斯（Chausses）是中世纪后期出现的一种紧身裤，从中世纪初期男女皆穿的袜子演变而来。肖斯的两条裤腿分开时常采用左右不同颜色，一条裤腿为红色，另一条裤腿为黑色，形似宫廷马戏中小丑所穿的裤子。在裤脚底处保持袜子的形状，脚底部采用皮革缝制，把脚包裹起来，类似现代的连裤袜。有的肖斯已进化为裤子形状，长及脚踝或脚踵，用料多以丝绸、细羊毛织物和细棉布等织物为主。这种似裤似袜的肖斯在上端用带子与厚重的普尔波万短上衣连接组合穿用（图 2-138）。

图 2-138　肖斯

（7）吾普朗多。吾普朗多（Houppelonde）是一种装饰性外衣，是哥特式后期服装的代表。造型特点是肩部合体，从肩下起宽松肥大，男衣长及膝，套头穿或前开襟，系腰带，下与肖斯组合：女衣长及地，套头穿，高腰身，裙子肥大，初期为立领，后期变为无领或翻领。袖子很大，袖口呈扇形，后变为窄袖，有锯齿形边饰，配色常左右不同色或从左肩到右下摆，斜着分成两色。

从整体造型上，女子的吾普朗多是一个稳定的高腰等边三角形，但男子的较女子的稍偏低，可以说吾普朗多是历史上最后一种筒形衣服。然而，无论男女，吾普朗多最大的特征是不显露体形，只注重衣服外表装饰。这就与同时期的科塔尔迪和普尔波万形成强烈的对比，即一方是对肉体的肯定，另一方是对肉体的否定，反映出中世纪西欧人在神权统治下，在禁欲主义支配下扭曲的矛盾心态（图2-139）。

图2-139　女子吾普朗多外衣

3. 哥特式时期的配饰与妆容

（1）汉宁。汉宁（Henin）是一种圆锥形的高帽子，为哥特式后期最典型的贵族女性帽饰，其用硬衬作为骨架，用布作为内芯，外面用华丽的锦缎丝绸装裱。帽口装饰有天鹅绒面料，帽顶装饰“贝尔”透明纱巾，自然下垂到颈部，长者可下垂至地面。帽子的高度以社会地位和身份高低来决定，身份地位越高，帽子高度就越高，有的可达120cm以上。据说法国伊莎贝拉王后曾因戴汉宁出入宫门不便而下令改造宫门（图2-140）。

（a）正面　（b）侧面

图2-140　汉宁

（2）夏普仑。夏普仑（Chaperon）是中世纪哥特式后期男女流行戴用的一种后垂长软帽，根据当时的学者和宗教人士的风帽样式借鉴而来。其帽顶造型呈细管形状，可以披在肩上或垂于脑后，也可缠绕在头上，帽子长度短者可到臀部，长者可下垂到地面。

（3）艾斯克菲恩。艾斯克菲恩（Escoffion）是哥特式时期除汉宁（圆锥高帽）和夏普仑（后垂长软帽）以外，最具特色的一种造型类似蝴蝶的帽子，也是哥特式时期最为奢华的女帽。其是在头上横向张开的两个发结上罩个网子，在这个网外面套上金属丝折成的骨架，再在这个骨架上披薄纱。艾斯科菲恩的造型种类很多，除了蝴蝶形以外，还有U字形等（图2-141）。

图2-141　艾斯克菲恩

（4）波兰那。中世纪后期鞋子开始出现尖头样式，到哥特式时期开始流行，最具代表性的就是波兰那（Poulaine）。它是一种男鞋，很窄，紧紧捆着脚。材料为柔软的皮革，鞋尖部分用鲸须和其他填充物支撑。因过长妨碍行走，所以当时流行把鞋尖向上弯曲，用金属链把鞋尖拴回到膝下或脚踝处。据文献记载，14世纪末期，波兰那的鞋尖最长可达1m左右（图2-142），而且鞋尖的长短依身份高低来定，王室贵族的可长至脚长的2.5倍，高级贵族的可长至脚长的2倍，骑士则为1.5倍，有钱商人的为1倍，庶民的只能是脚长的一半。

图2-142　波兰那

第三章
近古服饰

近古期在中国历史上被称为“蒙古族最盛时期”，跨越了宋、辽、金、元、明、清初长达 10 个世纪之久。在这段历史中，外族的统治促进了不同民族间文化的交融，推动了中国的文化发展进程。在西方则以文艺复兴为界限，文艺复兴是一次思想上的革命，西方自此开始进入以人为中心的人本主义发展阶段。近古期的中国和西方无论是在思想和文化上都获得了新的发展，在世界服饰发展史上起到了承上启下的作用。

第一节　中国近古服饰

宋代是中国进入近古期的第一个统一王朝，虽然宋代政府对恢复与发展生产实行了一些有力的措施，使宋代的经济、农业、手工业空前发展，成为继汉、唐之后，中国封建社会又一重要的历史时期。但因不时遭受辽、金、西夏等少数民族政权的侵袭，社会发展受到一定程度的冲击。理学是中国封建社会后期最为精致、完备的理论体系，其影响至深，“存天理，灭人欲”是理学推崇的思想，它把封建礼教的伦理纲常奉为至高之理。因此，宋代之后的服饰相较于唐代，整体上较为拘谨保守，内缩不展，花色式样与色彩也不如唐代明快鲜艳。

一、宋代服饰

1. 宋代的历史文化背景

当辽、金、西夏等游牧民族武力进攻时，宋王朝无力与其抗衡，只得大量攫取民间财物称臣纳贡，换取暂时的和平，最后还是被蒙古统治者所灭。在这样的危难时刻，宋代统治阶级不是采取修明政治、变革图强的政策，而是强化思想控制，从思想上灌输伦理纲常的旧观念，以求达到进一步奴化人民的目的。

宋代思想继承孔孟之道，以二程（程颢、程颐）、朱熹为代表，时称理学。理学认为天下之大，唯有一“理”，人们的思想行为、穿着打扮必须以“理”为中心，即符合“理”的规范，将“存天理，灭人欲”“言理而不言情”作为道德修养的最高准则。

由于程朱理学的兴盛，社会思想趋于保守，宋代各统治者三令五申，“务从简朴”“不得奢僭”。宋真宗严禁百姓穿绢金织物和织缬花品等高档衣料。宋高宗严禁妇女戴金翠首饰，这些都给宋代服饰带来很大影响。为了维护封建道德传统，聂崇义参考前代旧图纂辑《三礼图》，经皇帝钦定，成为后来朝廷官服礼服制度的蓝本。中国五代时期出现的缠足，在宋代时这一陋习进一步得到推广，使中国封建服饰文化更加守旧与封闭。

2. 宋代的服饰

（1）宋代官服。从《宋史·舆服志》中记载的几次重大服饰变革中可以看出，宋代非常重视在服饰上沿袭传统。除此之外，北宋学者聂崇义的《三礼图》成为宋代官服制度的主要依据。

① 冕服。宋代是崇尚礼制的时代，对祭祀礼仪的重视也到了无以复加的地步，屡次更改服制。虽做了一番整治，但同唐代一样，冕服的使用未能恢复周代旧制，仅恢复了天子大裘冕的制度。

宋代皇帝的冕服主要有两种，即大裘冕与衮冕。大裘冕是古代最高级别的祭服，但自汉代以来大裘冕就已失传，历代舆服志对大裘冕的使用记录并不多，只《旧唐书·舆服志》及《新唐书·车服志》记大裘冕为皇帝六冕之一。衮冕是周代以后，使用最为长久的冕服之一，是仅次于大裘冕的礼服，同时也是王公的最高级别礼服（图3-1、图3-2）。

图3-1 （宋）聂崇义《三礼图》中的衮冕

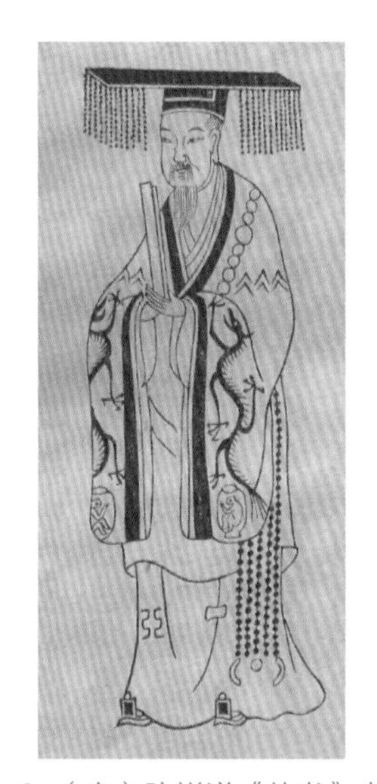

图3-2 （宋）陈祥道《礼书》中的衮冕

宋代官员的祭服也为冕服，不同品级的官员服饰各不相同。两宋时期，官员冕服制度几经改易。主要有五次，分别发生在庆历、元丰、大观、政和（表3-1）、绍兴年间。

表3-1 政和年冕服制度

冕旒	配　制	使用官员
九旒冕	金涂银棱，有额花，犀簪，青衣画降龙，朱裳，蔽膝，白罗中单，大带，革带，玉佩，锦绶，青丝网玉环，朱袜、履。革带以金涂银，玉佩以金涂银装，绶以天下乐晕	亲祠大礼使、亚献、终献、太宰、少宰、左丞，每岁大祠宰臣、亲王、执政官、郡王充初献服之
	无额花，白绫中单，红锦绶，银环，金涂银佩，余如正一品服	亲祠吏部、户部、礼部、兵部、工部尚书，太庙进受币爵、奉币爵宗室，每岁大祠捧俎官、大祠中祠初献官服之

续表

冕旒	配　制	使用官员
七旒冕	角簪，青衣无降龙，余如从一品服	亲祠吏部侍郎、殿中监、大司乐、光禄卿、读册官，太庙荐俎、赞进饮福宗室，七祀、配享功臣分献官，每岁大祀，谓用宫架者，大司乐、大祠、中祠亚终献、大祠礼官、小祠献官，朔祭太常卿服之
五旒冕	皂绫绶，铜环，金涂铜革带，佩，余如二品服	亲祠举册官、大乐令、光禄丞、奉俎馔笾豆簠簋官、分献官，分献坛壝从祀。太庙奉瓒盘、荐香灯、安奉神主、奉毛血盘、萧蒿篚、肝膋豆宗室，每岁祭祠大乐令、大中祠分献官服之
五旒冕	紫檀絁衣，余如三品服	监察御史服之
无旒冕	素青衣，朱裳，蔽膝，无佩绶，余如三品服	奉礼协律郎、郊社令、太祝、太官令、亲祠抬鼎官、进抟黍官、太庙供亚终献金斝、供七祀献官、执爵官服之

注：源自《宋史》卷一五二·舆服志四。

② 朝服。宋代天子朝服用通天冠，通天冠服仅次于衮冕服，冠有二十四梁，用北珠卷结于冠上，冠前有金博山和蝉纹金珰装饰，其身着织成云龙纹的绛色纱袍、白纱中单、绛纱裙（裳），腰束金玉带，前系蔽膝，旁系佩绶，白袜黑舄。当时的官员都在脖子上戴一种颈饰，叫作“方心曲领”，其形状上圆下方，形似锁片，象征天圆地方。同时，套在项间也起压贴作用，防止衣领雍起（图 3-3、图 3-4）。

图 3-3　通天冠服

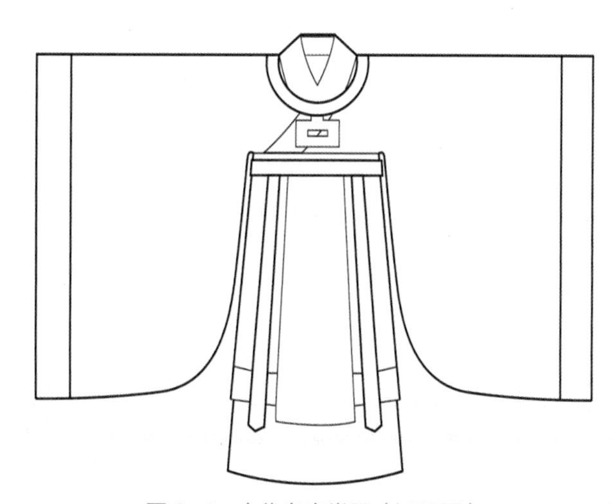

图 3-4　宋代皇帝常服（还原图）

宋代诸臣朝服的基本搭配也是梁冠、绯色罗袍、裙、蔽膝，白罗中单、大带、方心曲领、乌皮履。两宋期间，诸臣朝服制度屡次更改，但多是细节修改，对制度变迁影响不大。以政和群臣朝服制度为例，如表 3-2。

表 3-2　政和群臣朝服制度

冠梁	配　制	使用官员
七梁冠	金涂银棱，貂蝉笼巾，犀簪导，银立笔，朱衣裳，白罗中单，并皂褾、襈，蔽膝随裳色，方心曲领，绯白罗大带，金涂银革带，金涂银装玉佩，天下乐晕锦绶，青丝网间施三玉环，白袜，黑履	三公，左辅，右弼，三少，太宰，少宰，亲王，开府仪同三司服之
七梁冠	无貂蝉笼巾，银装玉佩，杂花晕锦绶，余同三公以下服	执政官，东宫三师服之
六梁冠	白纱中单，银革带，佩方胜宜男锦绶，银环，余同七梁冠服	大学士，学士，直学士，东宫三少，御史大夫、中丞，六曹尚书、侍郎，殿中监，大司成，散骑常侍，特进，金紫、银青光禄大夫，光禄大夫，太尉，节度使，左右金吾卫、左右卫上将军服之
五梁冠	翠毛锦绶，余同六梁冠服	太子宾客、詹事，给事中，中书舍人，谏议大夫，待制，九寺卿，大司乐，秘书监，殿中少监，国子祭酒，宣奉、正奉、通奉、通议、太中、中大夫，中奉、中散大夫，上将军，节度观察留后，观察使，通侍大夫，枢密都承旨服之
四梁冠	簇四盘雕锦绶，余同五梁冠服	九寺少卿，大晟典乐，秘书少监，国子、辟雍司业，少府、将作、军器监，都水使者，起居舍人，侍御史，太子左右庶子、少詹事、谕德，尚书左右司郎中、员外，六曹诸司郎中，朝议、奉直、朝请、朝散、朝奉大夫，防御、团练使，刺史，大将军，正侍、中侍、中亮、中卫、拱卫、左武、右武大夫，驸马都尉，带遥郡武功大夫以下，枢密副都承旨服之
三梁冠	金涂铜革带，佩黄狮子锦绶，鍮石环，余同四梁冠服	殿中侍御史，监察御史，司谏，正言，尚书六曹员外郎，外符宝郎，少府、将作、军器少监，太子侍读、侍讲，中书舍人，亲王府翊善、侍读、侍讲，九寺、秘书、殿中监，辟雍丞，大晟乐令，两赤县令，大理正、司直、评事，著作郎，秘书郎，著作佐郎，太常、宗学、国子、辟雍博士，太史局令、正、丞，五官正，朝请、朝散、朝奉、承议、奉议、通直郎，中亮、中卫、拱卫、左武、右武郎，诸卫将军，卫率府率，武功、武德、武显、武节、武略、武经、武义、武翼大夫郎，医职翰林医正以上，内符宝郎，阁门通事舍人，敦武郎，修武郎服之
二梁冠	角簪，方胜练鹊锦绶，余同三梁冠服	在京职事官，阁门祇候，看班祇候，率府副率，升辇辂立侍内臣服之
獬豸冠	青荷莲绶	御史大夫、中丞，刑部尚书、侍郎，大理卿、少卿，侍御史，刑部郎中，大理寺正、丞、司直、评事

注：源自《宋史》卷一五二·舆服志四。

③ 公服（常服）。基本承袭唐代的款式，曲领（圆领）大袖，下加横襕，腰间束革带，头戴幞头，脚登靴或革履（图 3-5、图 3-6）。公服在色彩上有严格规定：三品以上用紫，五品以上

用朱，七品以上绿色，九品以上青色。北宋神宗年间改为四品以上用紫，六品以上用绯，九品以上用绿。凡绯紫服色者都加佩鱼袋。

图 3-5　宋代公服

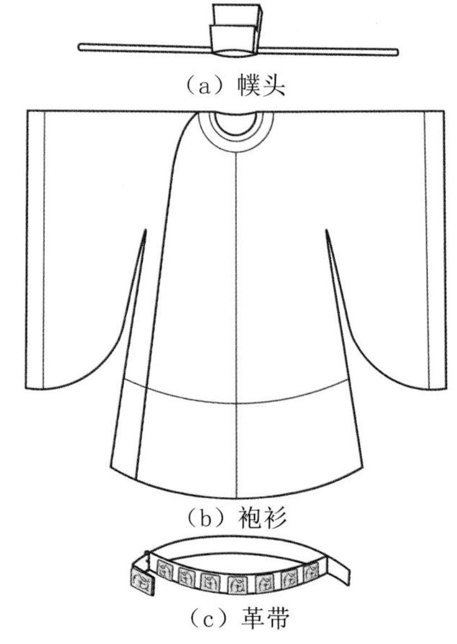

图 3-6　男子幞头、袍衫、革带（还原图）

④ 幞头形制。隋唐时的幞头发展到宋代，已经成为男子常服的主要首服。上至帝王，下至百官，除了祭祀典礼及朝会等重要场所外，一般都戴幞头。官宦多用直脚，而仆从、公差或身份低下的乐人，多用交脚和局（曲）脚。宋代幞头已经完全脱离了巾帕的形式，纯粹成了一种帽子。在当时南北各地的许多街坊，都有现成的幞头出售，有的摊贩还专以修理幞头为生。

宋代幞头与隋唐幞头相比，有一些不同，如隋唐的幞头，一般都用黑纱罗制成，而宋代的幞头却不限于黑色，尤其是在喜庆宴会等隆重场合，也可以用些鲜艳的颜色，有的还用金色丝线在幞头上盘制成各种花样。

⑤ 宋代文人的巾帽。由于幞头成为文武百官的规定服饰，黎民百姓已不多用。一般文儒士人，又恢复古代幅巾，并以裹巾为雅，他们喜爱戴造型高而方正的巾帽，穿宽博的衣衫，以为高雅，当时称之为“高装巾子”。并常以名人的名字命名，如东坡巾（图 3-7）、程子巾、山谷巾等，名目繁多。到了南宋，戴巾的风气更为普遍，就连朝廷的高级官员也以包裹巾帛为时尚，官帽之制渐渐衰落。

图 3-7　东坡巾

⑥ 甲胄。甲胄在五代时形式已经规范化，以甲身掩护胸背，用带子从肩上系连。腰部用带

子从后向前束，腰下垂有左右两片膝裙，甲上身缀披膊（掩膊）。兜鍪呈圆覆钵形，后缀防护颈部的顿项，顶部凸起，缀一丛长缨以壮威严（图 3-8、图 3-9）。

图 3-8　宋代穿甲胄的武士
（敦煌莫高窟 55 窟彩塑）

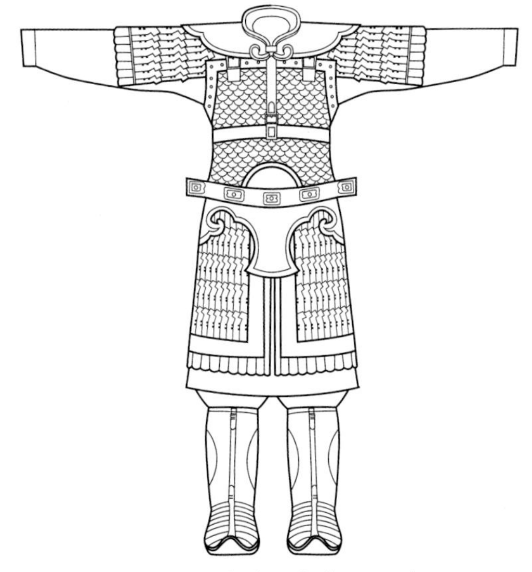

图 3-9　宋代甲胄（还原图）

⑦ 命妇的服饰。宋代命妇随男子官服而分等级，内外命妇有袆衣、鞠衣、朱衣、钿钗礼衣和常服的区别。皇后受册、朝谒、朝会及重要场所都穿袆衣，皇后亲蚕穿鞠衣，命妇朝谒皇帝穿朱衣，宴见宾客穿钿钗礼衣（图 3-10、图 3-11）。

图 3-10　宋代穿袆衣皇后像

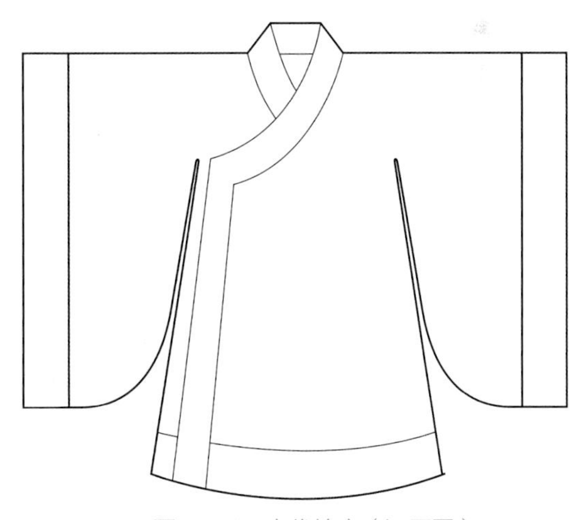

图 3-11　宋代袆衣（还原图）

此外，内外命妇的常服均为真红大袖衣，以红生色花（即写生形的花纹）罗为领子，红罗长裙。红霞帔，以药玉（即玻璃料器）为坠子。红罗背子，黄、红纱衫，白纱裤，黄色裙，粉红色纱短衫。

（2）男子的一般服饰

① 袍。衣长到脚踝，有表有里，有广身宽袖和紧身窄袖两种形式。

② 襦、袄。衣长至膝盖间，是有袖头的夹衣或棉衣，襦和袄在造型上没有多大区别。

③ 短褐。用粗布或麻布做的袖小身窄的短衣，为贫苦百姓所穿。

④ 褐衣。文人隐士或道家穿的长而宽大的外衣，一般用麻布或毛织物制作。

⑤ 衫。没有袖头的上衣，分衬在里面所穿的短小的衫和穿在外面较宽松的长衫，后者如凉衫、紫衫。凉衫男女均穿，紫衫比凉衫短小，袖窄。

⑥ 直裰。背部中缝线直通到底的长衣，为宋代文人、隐士、寺僧行者常穿。

⑦ 道衣。斜领交裾，衣身宽大，四周用黑布为缘。以茶褐色布作成袍则称道袍，为文人、道士所穿（图 3-12）。

图 3-12 宋代《听琴图》中的道袍

⑧ 鹤氅。古时用鹤羽捻线织成面料，衣身宽长曳地，披在身上，称为鹤氅或羽衣。宋代文人、诗客、隐士用布制作，披在外面。

⑨ 背子、半臂。背子和半臂都是隋唐流传下来的短袖罩衣，但宋代的背子变成腋下开胯的长袖长衣。半臂为短袖长衣。

据《梦粱录》记载，宋代百姓的服装也有定制的。可惜的是，当时史籍对帝王百官服饰记载较详，而对平民百姓服饰则叙述得非常简略。但从记载来看，当时北宋首都汴京，仅与服饰有关的行业，就有衣行、帽行、鞋行、穿珠行、接绦行、领抹行、钗朵行、纽扣行及修冠子、染梳儿、洗衣服等几十种之多。打开《清明上河图》，就有官宦、绅士、商贩、农民、大夫、胥吏、篙师、缆夫、车夫、船工、僧人及道士等众多形象。他们各自穿着代表不同身份的服装，形形色色，不一而足（图 3-13）。

图 3-13 《清明上河图》摹本局部

宋代平民的服饰，大都在下摆处开衩，以便于行走劳动，有的还将一边的衣角提起，塞于腰带之间。

（3）女子的一般服饰。主要包括贵族妇女、富商眷属和附属于上层社会的歌舞妓女平时所穿的服饰。宋代女子的上衣有襦、袄、衫、背子、半臂、背心等形制。

① 襦、袄。襦是一种短衣，平时一般作为亵衣，也就是内衣。以后由于其式样紧小便于劳作，而将其穿在外边。襦在宋代大多为下层女子的衣服，有些贵族女子虽也穿它，但一般都作为内衣，外面穿有其他服饰。与前代相比，宋代的襦、袄都较短小，腰身和袖口比较宽松，颜色清淡，通常采用间色，如淡绿、粉紫、银灰、葱白等色，或素或绣。质地有锦、罗，有的装饰刺绣，常与裙子配套。

② 衫。宋代女子的一般上衣，质地常用罗。

③ 袍。宋代女子一般不穿袍，仅存在于宫廷歌乐女子中间，在宴舞歌乐时穿。

④ 背子。又名绰子、褙子，宋代男子从皇帝到官吏、士人、商贾、仪卫等都穿。女子从后、妃、公主到一般女子都穿，但男子一般把背子当作便服或衬在礼服里面的衣服来穿，而女子则可以当作常服（公服），是仅次于大礼服的常礼服。宋代的背子为长袖、长衣身，腋下开胯，即衣服前后襟不缝合，而在腋下和背后缀有带子的样式，可是并不用它系结，而是垂挂着作装饰用，穿背子时，在腰间用勒帛系住。

宋代背子的领型有直领对襟式、斜领交襟式、盘领交襟式三种，以直领式为多（图3-14、图3-15）。斜领和盘领二式男子只将其穿在公服里面，女子都穿直领对襟式。宋代女子所穿背子，初期短小，后来加长，发展为袖大于衫、衣长与裙齐的标准样式（图3-16）。

⑤ 半臂。半臂为半袖长衣，是隋唐以来的传统服装，宋代男女均穿用（图3-17）。半臂和背心样式基本相同，通作对襟式，但半臂有袖而较短，背心则无袖。

图3-14　宋人《瑶台步月图》局部

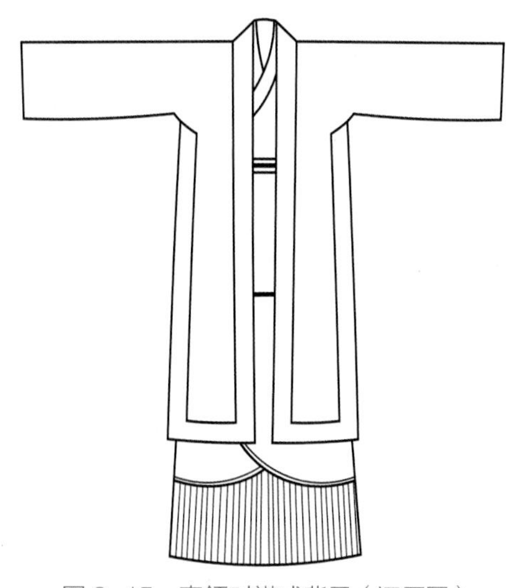

图3-15　直领对襟式背子（还原图）

图 3-16　穿背子与衫袄的宋代女子
（河南禹县白沙宋墓出土壁画局部）

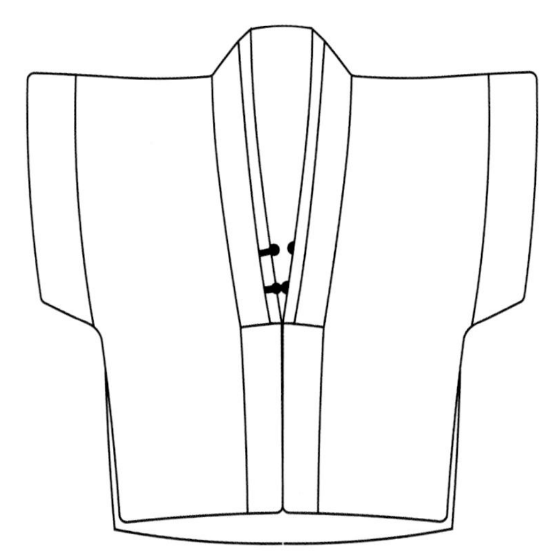

图 3-17　宋代半臂（还原图）

⑥ 背心、裲裆。半臂缺袖即为背心，又称背搭。背心短的称为裲裆，男女均穿。

⑦ 围腰。宋代女子常在腰间围一幅围腰，色彩以鹅黄最为时髦，称“腰上黄”。形式与武士所穿的捍腰有相近之处。

⑧ 裙。宋代女子下裳多穿裙，基本还保存着晚唐五代遗风。裙子的颜色通常比上衣鲜艳，有青、碧、绿、蓝、白及杏黄等，以郁金香根染的黄色最为名贵，红色则为歌舞伎乐所穿，石榴裙最为鲜丽，曾经被很多诗人吟咏。青、绿色裙通常为老年妇女或农村妇女所穿。宋代的裙子样式都比较修长，腰间还扎绸带，并配有绶环（图 3-18、图 3-19）。

宋代裙子幅宽分六幅、八幅和十二幅，多褶裥。还有一种前后开胯的裙子样式，称为旋裙。

图 3-18《半闲秋兴图》局部

图 3-19　披帛襦裙（还原图）

⑨ 裤。宋代由于家具和交通工具的发展，在服装款式方面的反映便是裤子造型的改变。妇女穿的裤有两种：一种是穿在裙子之内的无裆裤，束裙大多长至足面；另一种是直接穿在外面的合裆裤。劳动妇女为了便于劳作平日多穿合裆裤而不穿裙，裤较短，行动方便（图 3-20、图 3-21）。

（a）宋代开裆裤

（b）宋代开裆裤结构图

图 3-20　宋代开裆裤及结构图

（a）宋代合裆裤

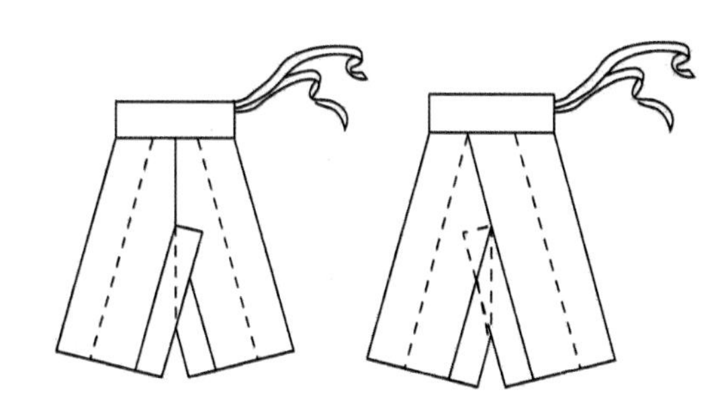
（b）宋代合裆裤结构图

图 3-21　宋代合裆裤及结构图

3. 宋代的服饰图案

宋代的服装面料以丝织品为主，有织锦、花绫、纱、罗、绢、缂丝等。

锦绣丝织工业在宋代非常发达，出现了几个著名的产区，如在苏州织造的叫“宋锦”，在南京织造的叫“云锦”，在四川织造的叫“蜀锦”。其中以成都蜀锦最有名，所织纹样以四方连续纹样为主，通常以龟背纹、绣球纹、密环纹、祥云纹、万字纹、古钱纹、席地纹等为地，中间穿插龙、凤、朱雀等兽鸟纹样和百吉、八仙、三多、三友、八宝，以及琴、棋、书、画等图案，组成各种工整规矩的“八搭晕锦”，色彩鲜艳，层次分明。另有盘球锦、葵花锦、翠池锦、狮子锦、云雁锦、天下乐、六搭晕、大宝照、小宝照等百十种名目，无论从纹样的组织、色彩的配合或是织造的技术来看，都比前代有所提高。

宋代流行的服饰纹样受画院写生花鸟画的影响，纹样造型趋向写实，构图严密。纹样风格与唐代截然不同，但对明清时期的影响却非常明显，从题材到造型手法，都形成了一种程式。

由于国力衰弱，财力空虚，宋代大量织锦用于向异族纳贡或贸易，国内统治者的服装面料大部分以绫纱为主。北宋初年，宋朝皇家仪仗队都穿锦绣的服装，后来用印花代替，印花工艺禁止民间使用。南宋宁宗嘉定年间，有归姓者始创药斑布，药斑布又名浇花布，就是现今民间的蓝印花布的前身。当时这种印花布是民间女子重要的服装面料。

宋代刺绣工艺已经高度发展，花边制作也有特色，从出土的实物来看，有印金、刺绣、彩绘等多种工艺手法。印金多以山茶、什菊等小型花卉为图案。刺绣则以蜻蜓、祥云、梅花、牡丹等作纹样，其方法有平绣、辫绣、扣绣、打籽绣等。最为奇特的是彩绘花边，用画笔仔细勾勒出各种花鸟、虫鱼、动物、建筑、风景和人物形象，并敷以色彩，宾主呼应，别有风味。

4. 宋代的配饰与妆容

（1）冠饰。宋代女子发髻上的装饰，通常以金银珠翠制成各种花鸟凤蝶形状的簪钗梳篦，插于发髻之上（图 3-22）。其中冠梳是北宋年间女子发髻上最有特点的装饰。所谓冠梳，就是用漆纱、金银、珠玉等做成两鬓垂肩的高冠，在冠上插以白角长梳。由于梳子本身较长，左右两侧插得又多，所以女子在上轿进门时，只能侧首而入。

图 3-22　宋代冠饰

宋代上层社会的女子，沿袭了唐、五代以来的花冠。花冠的材料有罗绢通草，也有金玉玳瑁。制成的花朵有桃花、杏花、荷花、菊花、梅花等多种，有的还将这些花朵合在一起，名曰“一年景”。在宋代，花冠不仅妇女喜戴，男子也有戴的。

宋代女子出门，头上还会戴“盖头”。盖头的形式是唐代幂篱的遗制。但比幂篱小，用皂罗制成，戴时可直接盖在头上，遮住面颜，也可将其系在冠上挡住风尘。在婚礼上以此蒙住新娘的头面，届时由新郎家派人轻轻揭开的风俗甚至一直延续到近代。

（2）足履。在宋代，女子穿靴已不多见，有地位的女子开始缠足，这是封建社会审美心理的异化现象。因缠足之风盛行，尖足着靴似有不便，故而多穿鞋。当时的女鞋小而尖翘，以红帮作鞋面，鞋尖往往做成凤头样子。鞋多以锦缎制成，上绣各式图案。南方劳动妇女因为下地耕作而不缠足，穿平头鞋、圆头鞋或蒲草鞋（图 3-23、图 3-24）。

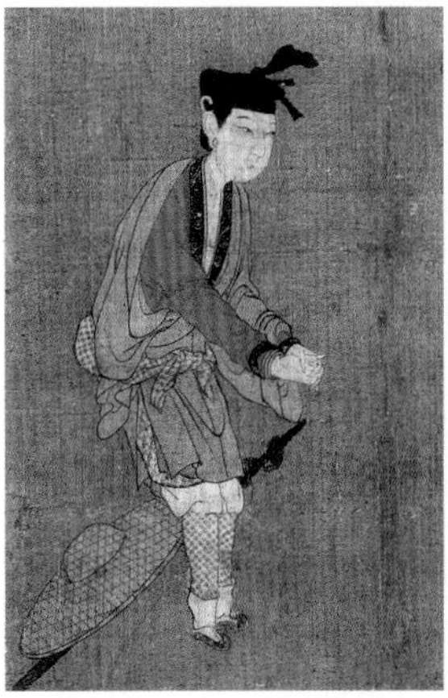

图 3-23 《杂剧人物图》中缠足女子形象

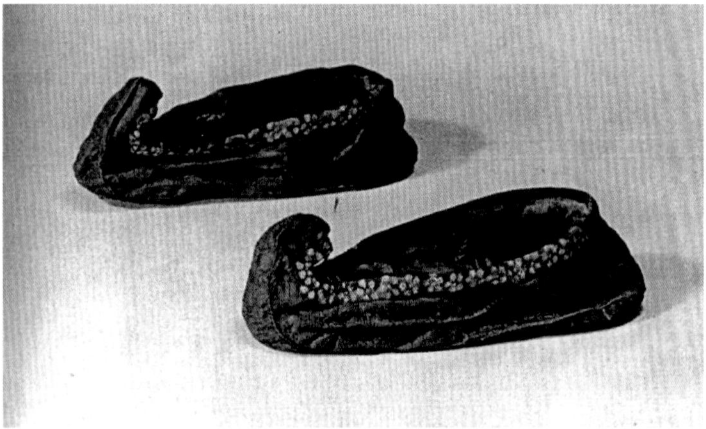

图 3-24 福建福州南宋墓出土的女鞋

（3）发式。宋代女子的发式承晚唐五代遗风，以高髻为尚。普通年轻女子髻高逾尺。如山西太原晋祠彩塑宫女，除少数戴有冠帽或着男子服装以外，一般都梳高髻，与记载十分相似。

高髻的梳成，大多掺有假发，有的甚至直接用假发编成各种形状的假髻，用时套在头上，时称“特髻冠子”，或者称为“假髻”。在一些大城市，还设有专门生产、销售这种发髻的店铺。

髻的形式很多，如朝天髻、芭蕉髻、龙蕊髻、大盘髻、小盘髻、盘福髻、懒梳髻、包髻、三角髻、螺髻、双鬟髻等。儿童理发留一小块头发于顶左者称“偏顶”，留于顶前以丝绳扎缚者称“鹁角”。

二、辽金元服饰

1. 辽金元的社会文化背景

辽、金、元三朝皆为北方少数民族所建立的政权，但其和汉民族建立的宋朝在各方面都有着极为密切的关系。蒙古贵族灭掉了宋朝建立了元朝，统治了中国。

辽（907—1125 年）为契丹族所建立的朝代。契丹族源于东胡，本生活在辽河和滦河上游，隋唐时尚处在氏族社会，过着游牧渔猎生活，五代时迭剌部耶律氏迅速崛起。907 年，辽太祖成为契丹可汗，916 年始建年号，建国号“契丹”，947 年改国号“大辽”。契丹国势远及中亚，中世纪中后期西方许多国家的人以“契丹”指北部中国，这一名称因 13 世纪蒙古西征进而指称全中国。辽统治者根据境内民族成分复杂，居于大漠间的契丹族和其他少数民族以及居于长城以南的汉族的生活习惯和社会生产状况差异甚大等具体国情，将国家分为南、北两个部分，南为汉制，北为契丹制，以后渐趋一致。但当时契丹族和汉族并未完全混居，契丹族在吸取了汉族及中亚文明的同时仍保留了其较多的民族特点。辽代末年，统治集团内部腐化，贪图享乐，导致武备松弛。礼佛风气极盛，消磨了民族原有的野性。崛起于内部的女真氏族逐渐壮大，最终灭辽。

金（1115—1234 年）是中国历史上由女真族建立的统治中国北方和东北地区的封建王朝。1115 年完颜阿骨打在聚居地按出虎水（今黑龙江阿什河流域）建立金国。金和宋联军灭辽以后开始把侵犯的目标对准北宋。1127 年，金灭北宋，并通过与南宋的媾和控制了中原地区。1234 年，在蒙古和南宋的前后夹攻之下，金被蒙古大军所灭。

元（1271—1368 年）由蒙古草原上兴起的蒙古部落所建。在实现对中原的统治之前，蒙古部首领铁木真先在漠北高原建立了大蒙古国，他本人也被尊为“成吉思汗”，其领导的蒙古大军曾征服了中国黄河以北地区以及中亚与欧洲的部分地区，统治着东至太平洋，西至里海的广阔领土。大蒙古国在成吉思汗去世后分化为包括蒙古在内的四大汗国。1271 年，蒙古大汗忽必烈改国号为“大元”，并于 1279 年攻灭南宋，结束了从五代到南宋 370 多年多政权并立的局面，统一了全国。元朝后期政治腐败、权臣干政、民族矛盾与阶级矛盾日益加剧，导致元末农民起义，被朱元璋所灭。

2. 辽金元的服饰

（1）辽代的官服制度

① 皇帝服饰。辽代皇帝的服饰有国服及汉服两种。

a. 国服。国服又有祭服、朝服、公服、常服及田猎服等。

祭服：大型祭祀时皇帝戴金文金冠，穿白绫袍，佩红带、悬鱼，着络缝乌靴。小型祭祀时戴硬帽，穿红克丝龟文袍。

朝服：戴实里薛衮冠，穿络缝红袍，络缝靴，谓之国服衮冕。

公服：戴紫皂幅巾，穿紫窄袍或衣红袄，佩玉束带。

常服：穿绿花窄袍或披紫黑貂裘。

田猎服：裹幅巾，擐甲戎装，以貂鼠或鹅项、鸭头为杆腰。

b. 汉服。汉服也有祭服、朝服、公服、常服之分。

祭服：服衮冕，金饰，白珠十二，玄衣纁裳。绣十二章纹，龙山以下，每章一行，行十二，舃加金饰。

朝服：通天冠，绛纱袍，白裙襦，绛蔽膝，白缎带方心曲领。

公服：戴翼善冠，穿柘黄袍，九环带，白练裙襦，六合靴。

常服：裹折上头巾，穿柘黄袍衫，九环带，六合靴。

② 皇后服饰。只定有小祀之服，戴红帕，服络缝红袍，悬玉佩，着络缝乌靴。

③ 百官服饰。辽代百官服饰也有朝服、公服、常服等制。辽代把国土分为南方华北平原和北方戈壁草原两班。北班是典型游牧特色，南班则大多是汉人。

朝服：北班官员戴毡冠，金花为饰或加珠玉翠毛；或纱冠，制如乌纱帽，无檐，不双耳，额前缀金花。服紫窄袍。南班二品以上官员，戴远游冠，三梁；三品至九品，俱戴进贤冠，以冠上梁数分别等级：三品三梁，装饰宝石；四品至五品二梁，装饰金银；六品至九品梁，没有装饰。

公服：北班臣僚俱用幅巾，紫衣。南北官员，皆冠帻缨，簪导，服绛纱单衣，白裙襦。

常服：辽代又称为“盘裹”。通常为绿花窄袍，内衬红色或绿色的中单。冬季，富贵者除披紫黑色貂裘衣和青色裘衣外，还喜欢用洁白如雪的银鼠皮为裘衣。南班官员，俱戴幞头。五品以上着紫袍，持象牙手板，佩戴金玉腰带；六品七品着绯色袍子，持木质手板、佩戴银腰带；八品、九品着绿袍，佩戴鍮石腰带，靴子都一致。

④ 其他服饰禁例。开泰七年禁止服饰上使用明金、镂金、贴金。太平五年禁止百姓用明金及金线绮，国亲当服者奏而后用。清宁元年规定非勋戚职事人等不得戴冠巾。奴贱不得服驼尼、水獭裘。

（2）辽代的服饰特征。辽代的一般服饰（主要指契丹族服饰）以长袍为主，男女皆是如此，上下同制。这个时期的服饰特征一般都是左衽，圆领，窄袖。袍上有疙瘩式样的纽襻，袍带在胸前系结，然后下垂至膝。长袍的颜色比较灰暗，有灰绿、灰蓝、赭黄、黑绿等几种，纹样也比较朴素。贵族阶层的长袍，大多比较精致，如辽宁法库叶茂台镇出土的棉袍，以棕黄色罗为地，通体平绣花纹，领绣二龙，肩、腹、腰部分别绣有簪花骑凤羽人及桃花、水鸟、蝴蝶等纹样。龙凤纹样是汉族的传统纹样，在契丹贵族的服饰上出现，反映了民族文化的相互影响。从图像资料来看，契丹族男子的服饰，在长袍的里面还衬有一件衫袄，领子露于外，颜色较外衣浅，有白、黄、粉绿、米色等。下穿套裤，裤腿塞在靴筒之内，在腰间系带子。女子也可穿裙，但多穿在长袍里面，脚穿长筒皮靴（图 3-25 ~ 图 3-27）。

契丹族服饰对汉族服饰也产生了影响。北宋时，京师洛阳士庶人中就有许多人穿契丹服，由于当时辽宋敌对，北宋王朝曾多次下令禁止穿契丹服。

（3）金代的服饰。金代服饰基本还保留着女真族的形制。法定服饰在进入燕地以后，开始模仿辽国，分南北官制，注重服饰礼仪制度。进入黄河流域后，开始吸收宋代冠服制度。

金代皇帝着冕服、通天冠、绛纱袍，皇太子着远游冠，百官着朝服、冠服，包括貂蝉笼巾、七梁冠、六梁冠、四梁冠、三梁冠，监察御史戴獬豸冠，大体与宋制相同。公服为盘领横襕袍，五品以上服紫，六品、七品服绯，八品、九品服绿。文官佩金银鱼袋。金代的卫士仪仗时戴幞头，形式有双凤幞头、间金花交脚幞头、金花幞头、拳脚幞头、素幞头等。

图 3-25 《卓歇图》中穿圆领袍的骑士

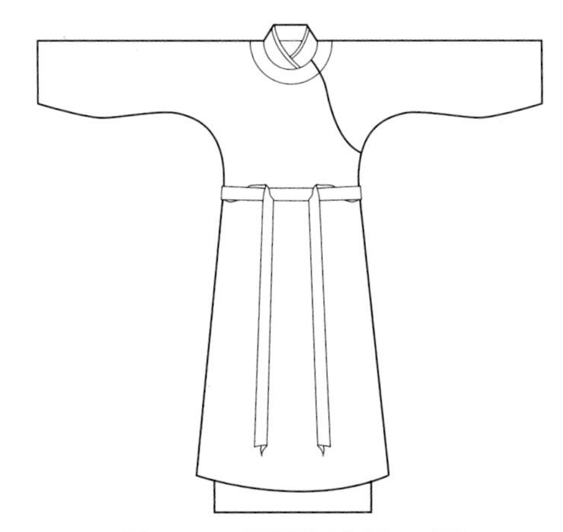

图 3-26 圆领袍衫（还原图）

（a）舞蹈俑

（b）舞蹈俑服饰还原图

图 3-27 河南焦作金墓出土舞蹈俑与服饰还原图

金代官服的款式为窄袖、盘领、缝掖，即腋下不缝合，前后襟连接处做折裥而不缺胯。在胸部肩袖上饰以金绣。金世宗时曾按官职尊卑定花朵大小，三品以上花大五寸，六品以上三寸，小官则穿芝麻罗。

金代的一般服装大多沿袭辽制。据记载，女真族女子喜穿一种遍绣全枝花的裙子，内有铁条圈架做的裙撑，使裙摆扩张蓬起，虽与欧洲贵妇所穿裙撑的形状不同，但夸张女性下半身的体积这一点是共通的。外衣喜穿黑紫、皂色、绀色直领左衽的团衫，前长拂地，后长拖地尺余，腰束红绿色饰带。皇后冠服与宋相仿，有九龙四凤冠、腰带、蔽膝、大小绶、玉佩、青罗舄等。贵族命妇披云肩。五品以上官员母亲和妻子允许披霞帔。冬季无论贫富人都穿皮毛，衣帽裤被都是皮制的，比较好的衣料有纻丝、纳锦、绸、绢等（图 3-28）。

图 3-28 《文姬归汉图》中穿皮质服装的妇女

（4）元代的官服。元代皇帝祭祀穿冕服，衮冕制以漆纱。前后各十二旒。衮龙服，制以青罗，饰以生色销金，帝星一、日一、月一、升龙四、复身龙四、山三十八、火四十八、华虫四十八、虎雄四十八。裳，制以白纱，状如裙，饰文绣十六行，每行藻二、粉米一、黼二、黻二。白纱中单，绛缘。红罗靴、高靿靴。红绫袜。履，制以纳石失，有双耳，带钩，饰以珠。

皇帝质孙服，冬服有十一等，如服大红、桃红、紫蓝、绿宝里，则冠七宝重顶冠。服红黄粉皮，则冠红金答子暖帽等。夏服有十五等，服答纳都纳石失（缀大珠于金锦），则冠宝顶金凤钹笠，服速不都纳石失（缀小珠于金锦），则冠珠子卷云冠等（表 3-3）。

表 3-3　元代质孙服形制

<table>
<tr><th rowspan="2">身份</th><th rowspan="2">季节</th><th colspan="3">衣</th><th rowspan="2">冠</th></tr>
<tr><th colspan="2">颜色及材料</th><th>备注</th></tr>
<tr><td rowspan="5">皇帝</td><td rowspan="5">冬</td><td>大红</td><td rowspan="5">宝里</td><td rowspan="5">宝里，服之有襕者也</td><td rowspan="5">七宝重顶冠</td></tr>
<tr><td>桃红</td></tr>
<tr><td>紫</td></tr>
<tr><td>蓝</td></tr>
<tr><td>绿</td></tr>
<tr><td rowspan="3">皇帝</td><td rowspan="3">夏</td><td colspan="2">大红珠宝里</td><td>—</td><td>绿边钹笠</td></tr>
<tr><td colspan="2">白毛子金丝宝里</td><td>—</td><td>白腾宝贝帽</td></tr>
<tr><td colspan="2">青速夫金丝阑子</td><td>速夫，回回毛布之精者也</td><td>七宝漆纱带后檐帽</td></tr>
<tr><td rowspan="2">百官</td><td rowspan="2">夏</td><td colspan="2">聚绿宝里钠石失</td><td>—</td><td>—</td></tr>
<tr><td colspan="2">大红官素带宝里</td><td>—</td><td>—</td></tr>
</table>

百官公服，制以罗，大袖，盘领，俱右衽。一品，饰大独科花，径五寸；二品，饰小独科花，径三寸；三品，饰散答花，径二寸，无枝叶；四品、五品，饰小杂花，径一寸五分；六品、七品，饰小杂花，径一寸；八品、九品无文。一至五品为紫色，六品、七品为绯色，八品、九品为绿色。戴展角漆纱幞头。

百官质孙服，冬服有九等，大红纳石失一，（金锦）大红怯绵里一，（翦茸）大红官素一，桃红、蓝、绿官素各一，紫、黄、鸦青各一。夏服有十四等，素纳石失一，聚线宝里纳石失一，枣褐浑金间丝蛤珠、大红官素带宝里、大红明珠答子各一，桃红、蓝、绿、银褐各一，高丽鸦青云袖罗一，驼褐、茜红、白毛子各一，鸦青官素带宝里一。

延祐元年（1314 年），定服色等第。职官不得服龙凤纹。一品、二品服浑金花，三品服金答子，四品、五品服云袖带襕，六品、七品服六花，八品、九品服四花。命妇衣服，一至三品服浑金，四品、五品服金答子，六品以下唯服销金，并金纱答子。首饰，一至三品许用金珠宝玉，四品、五品用金玉珍珠，六品以下用金，唯耳环用珠玉。

（5）元代的一般服饰。元代服饰以长袍为主。但据记载，元代服饰名目繁多，男服就有深衣、袄子、褡护、貂鼠皮裘、罗衫、布衫、汗衫、锦袄、披袄、团袄、夹袄、油衣、遭褶、胯褶、板褶、腰线、辫线、出袖、曳撒、衲夹等。围腰的有玉带、犀带、金带、角带、系腰、栾带、绒绦等。头上戴的有帽子、笠儿、凉巾、暖巾、暖帽。佩服的有昭文袋、钞袋、镜袋、手帕、汗巾、手巾等。脚穿的有朝靴、花靴、旱靴、钉靴、蜡靴、皮袜、布袜、水袜等，还有丝鞋、棕鞋、麻鞋、搭膊、缠带、护膝、腿绷、缴脚等名目。

男子的巾帽，公服多戴幞头。幞头的形制，大致与宋代长脚幞头相同，皂隶之间，也有带朝天幞头者。士庶所戴的幞头，一般脑后下垂两弯头长脚，呈八字之式。平民百姓多喜扎巾，巾裹的方法也有许多不同，蒙古族男子，则戴一种用藤篾做的“瓦楞帽”，制有方圆二式，顶中装饰珠宝，也有戴大笠帽的。

色彩上由于民间禁止用赭黄、柳芳绿、红白闪色、鸡头紫、栀子红、胭脂红等颜色，帽笠不许饰金玉，靴不得制花样。因此，民间服饰只好向灰褐色系发展，《南村辍耕录》记述了服饰颜色，罗列的褐色名目就有砖褐、荆褐、艾褐、鹰背褐、银褐、珠子褐、藕丝褐、露褐、茶褐、麝香褐、檀褐、山谷褐、枯竹褐、湖水褐、葱白褐、棠梨褐、秋茶褐、鼠白褐、丁香褐等名称，说明褐色在当时是很重要的服装色彩。

元代女子服饰也以袍服为主。这个时期的女子袍服以左衽为多，袖口也较紧窄。袍服的里面一般都穿套裤，裤子不用裤腰，也不缝裤裆，两只裤腿单独分开，每只裤管上端都钉一条带子，穿时系在腰际。元代蒙古贵族女子的袍式宽大，袖身肥大，但袖口收窄，其长曳地，走路时要两个女奴扶拽。常用织金锦、丝绒或毛织品制作，喜欢用红、黄、绿、茶、胭脂红、鸡冠紫、泥金等色。这种宽大的袍式，汉人亦称它为“大衣”或“团衫”（图 3-29、图 3-30）。

此外，据记载，当时女子衣服名目也很繁多，南有霞帔、坠子、大衣、长裙、背子、袄子、衫子、背心、膊儿、裙子、裹肚、衬衣；北有项牌、香串、团衫、大系腰、长袄、鹤袖袄、胸带、带系、直抹、里衣。首饰，南有凤冠花髻、特髻、包冠、瑞云贴额、牙梳、披梳、帘梳、玳瑁梳、龟筒梳、鹤顶梳、顶钗、边钗、顶针、挑针、花筒、桥梁鬓钗、七星梭环、镯头、戒指；北有包髻、掩根凤钗、面花、螭虎钗、竹节钗、倒插鬓、云月、荔枝、如意、秋蝉、菊花、琵琶、圈珠、葫芦、连珠镯，等等。

（6）辽金元的服饰图案。11 ~ 14 世纪，由于游牧民族入主中原，受到汉族传统礼仪文化的

图 3-29　穿交领织金锦棉袍的皇后

图 3-30　元代交领织金锦棉袍（还原图）

感染，先后承袭汉族儒学衣冠，并在服装款式方面增加一些功能性设计，促使中华传统服式逐渐向结构的简化和功能的合理化方面改革。

而在装饰纹样方面，汉族的传统纹样题材往往具有政治伦理的内涵，而这些内涵又恰恰能为巩固封建的政治制度服务，因而被入主中原的统治者吸收。

契丹族的服饰纹样，有龙、凤、孔雀、宝相花、缨珞等，都与五代时期汉族装饰纹样风格相同。织品有绢、纱、罗、绮、锦、缂丝和绒圈织物七个类型九十余个品种规格。其中棉袍、帽子、手套等都绣有精细的图案，以平绣方法为多，间以锁绣。图案有龙、凤、麒麟、羽人、禽鸟、蝴蝶、花卉、云水等，也有缠枝花纹。从内容和形式来看，大多取材于汉唐以来的神话、佛教传说及民间图案纹样。由此可见各族人民在文化艺术方面的相互交流和影响。

金代常穿春水之服，绣鹘捕鹅、杂以花卉。秋山之服以熊鹿山林为题材，这与女真族的生活习俗有关。金代仪仗服饰，以孔雀、对凤、云鹤、对鹅、双鹿牡丹、莲荷、宝相花为饰，并以大小不同的宝相花区别官阶高低，从题材到形式，也与唐宋时期汉族装饰图案类似。

内蒙古自治区黑水城老高苏木遗址出土的西夏牡丹纹、小团花纹丝织刺绣纹样以及银川西夏陵区出土的工字纹绫纹样，与宋代汉族装饰艺术风格一致。

而元代纺织绣染的情况，概括起来，大致有以下几个特点。

① 毛织物更加精制。蒙古族本是游牧民族，定居大都以后，保留着本民族生活习惯，经常出外狩猎、会盟及作战，较多使用毛料，这使统治者对毛纺业生产更加重视，所以毛织物都比前代有明显的进步。

② 织物大量织金。元代绫、罗、绸、缎和毛纺织品，大都加有金丝。

③ 颜色喜用棕褐。元代褐色的品种有二十多种名目，上下通用，男女皆宜，帝王后妃也不例外。元代的服饰纹样，大致都是在承袭两宋装饰艺术传统的基础上发展起来的，只有少数织金锦纹样受到一些西域图案的影响。

3. 辽金元的配饰与妆容

（1）辽代的巾帽与发式。辽代巾帽制度与历代有所不同。据当时史志记载，除皇帝、臣僚等具有一定级别的官员可以戴冠外，其他人一律不许私戴。中小官员及平民百姓只能科头露顶，即使在冬天也是如此。士兵皆髡发、露顶、左衽。契丹及其从属部落百姓也只能髡发，有钱人想戴巾子，需要向政府缴纳大量财富。

一般契丹族男子髡顶、垂发于耳畔，即将头顶部分的头发全都剃光，只在两鬓或前额部分留少量余发作为装饰，有的在额前蓄留一排短发；有的在耳边披散着鬓发，或者将左右两绺头发修剪整理成各种形状，然后下垂至肩。

垂发有一些形式变化，有在左右两耳前上侧单留一撮垂发的；有在左右两耳后上侧留一撮垂发的；有两侧垂发与前额所留短发连成一片的；有在左右两耳前上侧留一撮垂发与前额所留短发连成一片的；有在左右两耳前后上侧各留一撮垂发，顶与前额均不留发的。所垂均为散发。中国东北地区的女真族、西北的回鹘族和吐蕃族男子也都有髡发的风俗，但只有契丹族男子垂散发。

契丹族女子发饰则相对比较简单，一般作高髻、双髻或螺髻，也有少数披发，额间以巾带扎裹，较多的是结一块帕巾。皇后小祀时也是这种装束。另有一种圆顶小帽，样子像倒扣的杯子，戴时也用巾带系扎，并垂结于脑后。

（2）元代的发式。元初，上自成吉思汗，下至国人均剃"婆焦"，如汉族小孩留"三搭头"的样子，将头顶正中及后脑头发全部剃去，而在前额正中及两侧留下三搭头发。正中的一搭头发剪短散垂，两旁的两搭绾成两髻悬于两旁下垂至肩，这就阻挡住向两旁斜视的视线，使人不能狼视，称为"不狼儿"。但也有一部分人保持女真族的发式，在脑后梳辫垂于衣背的。综合各种记载，并参照形象资料，基本上可以了解这种发式的编制方法：先在头顶正中交叉剃开两道直线，然后将脑后一部分头发全部剃去，正面一束或者剃去，或者加工修剪成各种形状（有狭条形、尖角形及桃子形等），任其自然覆盖于额间，再将左右两侧头发编成辫子结环下垂至肩（图 3-31）。

图 3-31　元代戴瓦楞帽、剃"三搭头"的男子（南薰殿旧藏《历代帝王像》）

三、明代服饰

1. 明代的社会文化背景

1368 年，明太祖朱元璋建立明朝，在政治上进一步加强中央集权专制，对中央和地方封建官僚机构进行了一系列改革，其中包括恢复汉族礼仪，调整冠服制度，采取禁胡服、胡姓、胡语等措施。对民间采取“休养生息”政策，移民屯田、奖励开荒、减免赋役、兴修水利等，使经济得以很快发展。1399 年，建文帝朱允炆推行“削藩”政策，燕王朱棣公开反叛，以“清君侧、靖内难”的名义率军南下，发生了一场明王朝统治阶级内部的皇位争夺战，历史上称为“靖难之变”。朱棣考虑到北京是他多年经营之地，而京师（今南京）总为偏安王朝，难以控制北方游牧部落，于是在 1421 年正式迁都北京。自此，北京成为全国政治、军事、经济、文化的中心。

明代注重对外交往与贸易，其中郑和七次下西洋，在中国外交史与世界航运史上写下了光辉的一页。对待少数民族部落，采取了招抚与防范的积极措施，如设立奴儿干等四卫，“令居民咸居城中，畋猎牧，从其便，各处商贾来居者听”，安抚并适应了鞑靼、女真各部的发展。设立哈密卫，封忠顺王，使之成为明王朝西陲重镇。利用鞑靼、瓦剌与兀良哈等三卫，来削弱东蒙古势力等。明朝近 300 年历史中，虽发生了土木之变、倭寇入侵、葡萄牙入侵等动乱，但各族人民之间仍在较为统一的局面中相互促进，共同提高。

2. 明代的服饰

（1）男子官服与常服。明代服饰改革中，最突出的一点即是政权建立后立即恢复汉族礼仪，调整冠服制度，太祖曾下诏：“衣冠悉如唐代形制。”包括服饰在内的改制范围很广，以至数百年后都受其影响，但由于明王朝专制，对服色及服装图案规定过于具体，如不许平民穿有蟒龙、飞鱼、斗牛图案的服装，不许用玄色、黄色和紫色等。万历以后，禁令松弛，一时间鲜艳华丽的服装遍及里巷。

① 官服。明代冕服除非常重要场合之外，一般不予穿用，皇太子以下官职也不置冕服。朝服规定很严格，官服以袍衫为尚，头戴梁冠，着云头履。梁冠、革带、佩绶、笏板等都有规定，如表 3-4。

表 3-4　明代朝服梁冠、革带、佩绶、笏板规定一览

品级	梁冠	革带	佩绶	笏板
一品	七梁	玉带	云凤四色织成花锦	象牙
二品	六梁	犀带	云凤四色织成花锦	象牙
三品	五梁	金带	云鹤花锦	象牙
四品	四梁	金带	云鹤花锦	象牙
五品	三梁	银带	盘雕花锦	象牙
六品、七品	二梁	银带	练鹊三色花锦	槐木
八品、九品	一梁	乌角带	瀔鶒二色花锦	槐木

明代官服上还缝缀补子，以区别等级，源头大概是武则天以袍纹定品级的时候。明代补子以动物作为标志，文官绣禽，武官绣兽。袍色花纹也各有规定。盘领右衽、袖宽三尺之袍上缀补子，再与乌纱帽、皂革靴相配套，成为典型的明朝官员服式（图 3-32、表 3-5）。

图 3-32　明代朝服

表 3-5　明代朝服补子、色彩、花纹规定一览

品级	补子		服色	花纹
	文官	武官		
一品	仙鹤	狮子	绯色	大朵花　径五寸
二品	锦鸡	狮子	绯色	小朵花　径三寸
三品	孔雀	虎豹	绯色	散花无枝叶　径二寸
四品	云雁	虎豹	绯色	小朵花　径一寸五
五品	白鹇	熊罴	青色	小朵花　径一寸五
六品	鹭鸶	彪	青色	小朵花　径一寸
七品	鸂鶒	彪	青色	小朵花　径一寸
八品	黄鹂	犀牛	绿色	无纹
九品	鹌鹑	海马	绿色	无纹
杂职	练鹊			无纹
法官	獬豸			

以上规定并非绝对，有时略为改易，但基本上符合这种定级方法。明世宗嘉靖年间，对品官燕居服饰也做了详细规定，如一至三品官服织云纹，四品以下不用纹饰，以蓝青色镶边。冠帽以铁丝为框，外蒙乌纱，冠后竖立两翅。谓之忠靖冠，三品以上金线缘边，四品以下不许用金。1996 年苏州虎丘发现明王锡爵夫妇合葬墓，随葬品中即有“忠靖冠”实物，为黑素绒面、麻布里，冠上的五道如意纹，自双侧盘及冠后，纹上均压金线。同时出土的还有一件云纹缎官服，领、袖、右衽、袍襟下沿处均用花累缎镶边，前后更缀龙纹缂丝补子一块，可作为当时官服的真实式样来参考。

② 常服。明代各阶层的一般服饰主要为袍、裙、短衣、罩甲等。大凡举人等士者着斜领大襟宽袖衫，宽边直身。这种肥大斜襟长衣在袖身等长度上时有变化，《阅世编》称：“公私之服，予幼见前辈长垂及履，袖小不过尺许。其后，衣渐短而袖渐大，短才过膝，裙拖袍外，袖至三

尺，拱手而袖底及靴，揖则堆于靴上，表里皆然。”衙门的皂隶杂役，着漆布冠，青布长衣，下截折有密裥，腰间束红布织带。捕快类头戴小帽，青衣外罩红色布料罩甲，腰束青丝织带。富民衣绫罗绸缎，不敢着官服色，但于领上用白绫布绢衬之，以别于仆隶。崇祯末年，“帝命其太子、王子易服青布棉袄、紫花布袷衣、白布裤、蓝布裙、白布袜、青布鞋、戴皂布巾，作民人装束以避难”。由此可以断定，这种化装出逃的服式，即为最普遍的百姓装束。

（2）女子官服与常服。自商周制定服饰制度以来，贵族女子即有冕服、鞠衣等用于隆重礼仪的服饰，因变化不大且过于烦琐，前几章中未做说明。明朝规定严格，又有明式特点，而且距今年代较近，资料比较丰富、准确，故将其作为女子服饰的一部分。

① 官服。明代皇后、皇妃、命妇，皆有官服，一般为真红色大袖衫，深青色背子，加彩绣帔子，珠玉金凤冠，金绣花纹履（图 3-33 ~ 图 3-35）。

② 帔子。帔子早在魏晋南北朝时即已出现，唐代帔子已美如彩霞。诗人白居易曾曰“虹裳霞帔步摇冠”。宋时即为礼服，明朝因袭。上绣彩云、海水、红日等纹饰，每条阔三寸三分，长七尺五寸（表 3-6）。

图 3-33　明代皇后服饰

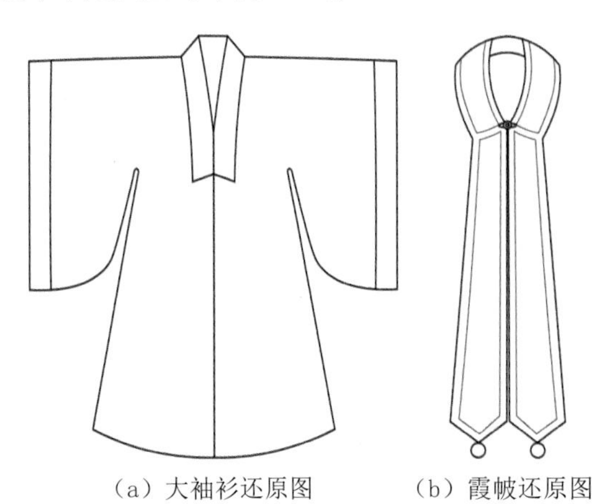

（a）大袖衫还原图　（b）霞帔还原图

图 3-34　明代皇后大袖衫、霞帔（还原图）

图 3-35　明代皇后金凤冠（还原图）

表 3-6　明代女子霞帔、背子规定一览

品级	霞帔图案	背子
一、二品	蹙金绣云霞翟纹	蹙金绣云霞翟纹
三、四品	金绣云霞孔雀纹	金绣云霞孔雀纹
五品	绣云霞鸳鸯纹	绣云霞鸳鸯纹
六、七品	绣云霞练鹊纹	绣云霞练鹊纹
八、九品	绣缠枝花纹	摘枝团花

③ 常服。命妇燕居服与平民女子的服装主要有衫、袄、帔子、背子、比甲、裙子等，基本样式依唐宋旧制。普通妇女多以紫花粗布为衣，不许用金绣。袍衫只能用紫色、绿色、桃红等间色，不许用大红、雅青与正黄色，以免混同于皇家服色。

背子：明代背子的用途更加广泛，形式与宋大致相同。

比甲：本为元朝服制，北方游牧民族女子好加以金绣，罩在衫袄以外，后传至中原，汉族女子也多穿用。明朝中叶穿比甲成风，样式主要似背子无袖，亦为对襟。比后代马甲长，一般齐裙。

裙子：明代女子穿裤者甚少，下裳主要为裙，裙内穿膝裤。裙子式样讲求八至十幅（这里幅指裙子下摆的片数）料，甚至更多。腰间细缀数十条褶，行动起来犹如水纹。后又时兴凤尾裙，以大小规矩条子，每条绣图案，另在两边镶金线，相连成裙。还有江南水乡女子束于腰间的短裙以及自后而围向前的裥裙，或称“合欢”。明代女子裙色尚浅淡，纹样不明显。崇祯初年尚素白，裙缘一二寸施绣。文徵明曾作诗曰：“茜裙青袄谁家女，结伴墙东采桑去。”看来，只要不是违反诏令，用色尽可随其自便。关于服装尺寸的标准，民间常有变异，尽管某些是反复出现，但仍能摸索出一条规律。例如上衣与下裳的比例，大凡衣短则裙长，衣长则裙阔。衣长时，长至膝下，离地仅五寸，袖阔四尺，那裙子自可不必多加装饰，而衣短显露裙身，则需由裙带、裙色、裙花显出特色。这种变化在当前服装流行趋势中也显而易见，其典型之例俯拾即是，原因在于上下要在对立之中求得统一，而这种比例还需要符合黄金分割率，假如上下平分秋色，势必显得呆板、少变化（图 3-36、图 3-37）。

图 3-36　明代白罗绣花裙

图 3-37　明代妆花织金蓝缎裙

3. 明代的服饰图案

明代织物的纹样主要有祥云纹、万字纹、如意纹、龙凤纹和以百花、百兽等各种纹样组成的吉祥图案。

人们常将几种不同形状的图案组合在一起，或寄于寓意，或取其谐音，以此寄托美好的愿望，抒发自己的感情。这些富有浓厚民族色彩的传统艺术，在明代的织物纹样上体现得相当充分，如福从天来、丹凤朝阳、青鸾献寿、喜上眉梢、金玉满堂、宜男多子、连年有余、平升三级，等等。此外，还有“八仙”“八宝”“八吉祥”等名目。尽管这些图案的形状各不相同，结构也比较复杂，但在一幅画面上，被搭配得相当和谐，常在主体纹样中穿插一些云纹枝叶或飘带，给人以轻松活泼的感觉。

与图案纹样相适应，明代刺绣技术也有很大进步，除了传统方法之外，还创造了平金、平绣、纱、铺绒等特种工艺技巧，针脚细密工整，色彩鲜艳华丽，富丽堂皇。

4. 明代的配饰与妆容

（1）足履。明代妇女沿袭前代旧俗，大多缠足。其鞋曰“弓鞋”，以香樟木为高底。如木底在外边的叫“外高底”，有“杏叶”“莲子”“荷花”等名称。本底在里边的一般叫“里高底”，又称“道士冠”。老年妇女多穿平底鞋，名谓“底而香”。

（2）巾帽。明代男子的巾帽，主要有乌纱帽、网巾、四方平定巾及六合一统帽等。

① 乌纱帽。是用乌纱制作的圆顶官帽。至今所谓“怕丢了乌纱帽”就是指“怕丢了官职”的意思。乌纱帽的式样和晚唐五代的幞头略同。幞头的形制基本还是宋式，以漆纱做成，两边展角，角长一尺二寸。皇帝穿常服，戴乌纱折上巾，其样式与乌纱帽基本相同，唯将左右二角折之向上，竖于乌纱帽之后。

② 网巾。是一种系束发髻的网罩，多以黑色细绳、马尾、棕丝编织而成。网巾的作用，除了束发以外，还是男子成年的标志。一般衬在冠帽之内，也可直接露在外面。

③ 四方平定巾。是职官、儒士的便帽，以黑色纱罗制成，因其造型四角皆方，也叫“四角方巾”。这种巾帽多为官员和读书人所戴，平民百姓戴者较少。

④ 六合一统帽。就是俗称的瓜皮帽，用六片罗帛拼成，多用于市民百姓。

四、清初服饰

1. 清初的社会文化背景

清代是中国最后一个封建王朝，也是继元代之后第二个由少数民族统治的朝代。满族为女真族的后裔，长期过着游牧生活，其服饰文化与汉族差异较大。在南下入关的长期征战当中，紧身、简洁、便于骑射的服饰的确具有优越性，因此，清王朝的最高统治者一直对自己的民族服饰有着特殊的理解，他们不仅把民族服饰看成是祖上的遗存，同时也视其为能屡战不败、创建大清帝国的一个重要因素。入关前后，满族统治者始终把在汉族中改服易制作为巩固政权、降服民心的大事，采取了一系列硬性措施强制推行。其时间之久，手段之残酷都是空前的，这引起了汉族人民的强烈抵制。后来，为了缓解民族矛盾，清朝政府采纳了明朝遗臣金之俊“十从十不从”的建议，在服饰方面，像结婚、死殓时女性都可以保持明代服式，未成年儿童、官府隶役以及民间庙会等传统节日的穿戴也都可穿明代服装，优伶戏子、和尚道士的装束也不用更改。这大大缓解了因强行剃发易服而引起的民怨。

从整个服装发展的历史来看，清代服饰在中国历代服饰中最为庞杂，条文规章也最多。由于时间距今不远，保存下来的文献记录及实物资料也比较丰富。总的来看，清朝政府制定的服饰制度，既保留了汉族服制中的某些特点，又不失其本民族的习俗礼仪。如以中国传统的十二章纹作为衮服、朝服的纹饰，以绣有禽兽的补子作为文武官员职别的标识，以金凤、金雀等纹样作为后妃、命妇冠帽服装上的装饰。废弃了历代以衮冕衣裳为祭祀之服，以通天冠、绛纱袍为朝服的传统制度。具有浓厚民族色彩的冠冕衣裳，自创始开始，经历了两千多年的变迁，至此遂告终止。

2. 清初的服饰

（1）男子官服。清代男子以袍、褂、袄、衫、裤为主，一律改宽衣大袖为窄袖筒身。衣襟以纽扣系之，代替了汉族惯用的绸带。领口变化较多，无领子，而另加领衣。在完全满化的服装上沿用了汉族冕服中十二章纹的纹饰，只是不在常服上缀补子，而是直接在衣服上绣方形或圆形补子，称之为补服。补子的图案与明代略有差异。

① 朝服。皇帝朝服是皇帝在登基、大婚、元旦、祭祀等重大典礼和祭祀活动时所穿的礼服。其基本款式由披领和上衣下裳相连的袍裙相配而成。上衣的袖子分袖身、熨褶素接袖和马蹄袖端三个部分，腰间有腰帷，下裳与上衣连接处有襞裥装饰，其右侧有正方形的衽。朝服分冬、夏两类。冬朝服为明黄色，使用衣料为妆花缎或缎子。形式上分为两种。其一，在两肩和前胸、后背各绣一条正龙，上衣前后装饰着十二章纹样，下裳襞裥上绣行龙六条，下裳的其余部位以及披领领面为紫貂，马蹄袖端为薰貂。其二，在上衣的两肩及前胸后背绣正龙各一，腰帷绣行龙五，衽绣正龙一，襞裥处前后身各装饰团龙九，下裳装饰正龙二，行龙四，披领装饰行龙二，袖端装饰正龙各一，将十二章纹样中的日、月、星辰、山、龙、华虫、黼、黻八种纹样绣于衣，将宗彝、藻、火、粉米四种纹样绣于裳。披领、袖端、下裳侧摆和下摆用石青色织金缎或织金绸镶边，再加镶海龙裘皮边。考虑到人穿上衣服活动时，袍子下襟常常会暴露出来，因此在衣服里面掩襟的襞褶部位加绣四条团龙，在掩襟的裳部加绣一条兴龙。全袍总共装饰龙纹 43 条，夏朝服也是明黄色，唯独在南郊祈谷、求雨时用蓝色，朝日用红色，夕月用月色（即浅蓝色、月白色），衣料为纳纱绣或妆花纱、缂丝等。夏朝服的形式和纹饰与冬朝服的第二种完全相同，只是在披领、袖端、下裳侧摆和下摆等处不再加镶海龙裘皮边饰。春秋两季的棉、夹朝服，样式与夏朝服相同，衣料为绸缎上绣花或妆花缎、缂丝等（图 3-38）。

图 3-38　清代皇帝朝服

皇子朝服有两种形式，均为金黄色。

一种在披领和裳部绣紫貂，马蹄袖端绣薰貂，两肩及前胸后背绣正龙各一条，襞褶上绣行龙六条，这是十一月初一至正月十五穿的。另一种为披领和袖子均用石青色织金缎镶边，冬天再镶一层海龙缘边，两肩及前胸后背绣正龙各一条，腰帷绣行龙四条，裳绣行龙八条，披领绣行龙两条，马蹄袖端绣正龙各一条。

亲王、亲王世子、郡王朝服可以随便用蓝色和石青色，若赐金黄色也可用之。其余和皇子朝服相同。

贝勒、贝子等朝服不许用金黄色，其余颜色可以随便用，纹样为四爪蟒纹。

此外还有蟒袍、常服褂、常服袍、行褂、行袍等各种名目，仅皇帝穿的雨衣就有六种形式。

② 袍、袄。多开衩，其中皇族用四衩，平民不开衩。其中开衩大袍，也叫“箭衣”，袖口有突出于外的“箭袖”，因形似马蹄，被俗称为“马蹄袖”。其形源于北方恶劣天气中避寒而用，待狩猎射箭之时又可卷上，不妨碍行动。进关后，放下袖口是行礼前必需的动作，行礼后再卷起。清代官服中，龙袍只限于皇帝，一般官员以蟒袍为贵，蟒袍又叫“花衣”，是为官员及其命妇套在外褂之内的专用服装，并以蟒数及蟒之爪数区分等级，见表 3-7。

表 3-7　清代不同品级官员蟒袍纹饰一览

品级	蟒袍绣饰
一品至三品	五爪九蟒
四品至六品	四爪八蟒
七品至九品	四爪五蟒

但民间习惯将五爪龙形称为龙，四爪龙形称为蟒，实际上大体形同，只在头部、鬣尾、火焰等处略有差异。袍服除蟒数以外，还有颜色禁例，如皇太子用杏黄色，皇子用金黄色，而下属各王等官职不经赏赐是绝不能用黄色的。袍服中还有一种“缺襟袍”，前襟下摆分开，右边裁下一块，比左面略短一尺，便于乘骑，因而谓之“行装”，不乘骑时将裁下来的前裾与衣服之间用纽扣扣上。

③ 补服。形如袍略短，对襟，袖端平，是清代官服中最重要的一种，穿用场合很多。清代不同品级文官、武官补子纹饰见表 3-8。

表 3-8　清代不同品级文官、武官补子纹饰一览

品级	文官补子绣饰	武官补子绣饰
一品	鹤	麒麟
二品	锦鸡	狮
三品	孔雀	豹
四品	雪雁	虎
五品	白鹇	熊
六品	鹭鸶	彪

续表

品级	文官补子绣饰	武官补子绣饰
七品	鸳鸯	犀牛
八品	鹌鹑	犀牛
九品	练鹊	海马

按察使、监察御使等沿用獬豸补子，其他诸官用彩云捧日、葵花、黄鹂等图案的补子。

（2）女子官服

① 朝褂。皇后、太皇太后、皇太后、皇贵妃的朝褂，有三种款式，均为石青色，有织金缎或织金绸镶边。

款式一：圆领对襟，有后开裾的无袖长背心，自胸围线以下作襞积（褶裥），其纹饰在胸围线以上前后绣立龙各两条，胸围线以下则横分为四层，第一层和第三层分别织绣行龙，前后各两条，第二层和第四层分别织绣万福（蝙蝠纹）万寿（团寿字纹）纹饰，各层均以彩云相间（图 3-39）。

图 3-39　清代皇后朝褂

款式二：圆领对襟，无袖，后开裾，腰下有襞积的长背心，纹饰前胸、后背各织绣正龙一条，腰帷织绣行龙四条，下幅织绣行龙八条。三个装饰部位下面均有寿山纹，海水江崖纹。

款式三：为圆领，对襟，无袖，无襞积，左右开裾至腋下的长背心，前后身各织绣两条大立龙相向戏珠纹饰。下幅为八宝寿山海水江崖纹。

这三种朝褂领后均垂明黄色绦，绦上缀饰珠宝。朝褂穿在朝袍外面，穿时胸前挂彩帨，领部有镂金饰宝的领约，颈挂朝珠三盘，头戴朝冠，脚踏高底鞋，非常华美。

② 朝袍。皇太后、皇后朝袍，分冬、夏两类，均为明黄色，其基本款式均由披领、护肩与袍身组合。开领和袖子另有特点。开领是从领口右缘向右方斜着成 S 形，因此与斜领或圆领右衽的一般款式不同。袖子是由袖身与接袖（约 12cm 宽）、综袖（又称中接袖）、袖端（即马蹄袖）相接而成，并在腋下至肩部加缝一段上宽下窄的装饰性护肩，领后垂明黄色绦，绦上缀珠宝。穿朝袍时必须与朝褂配套（图 3-40）。

③ 龙褂。龙褂为圆领，对襟，左右开衩，平袖口，衣长与袍相应（图 3-41）。只能由皇后、皇太后、皇贵妃、贵妃、妃、嫔穿用。皇子福晋、亲王福晋、守郡王福晋、固伦公主所穿的就不叫龙褂，而叫吉服褂。

④ 朝裙。皇后、皇太后、皇贵妃朝裙的款式为右衽背心与大摆直褶裙相连的连衣裙，在腰

线有襞积，后腰缀有两根系带可以系扎在腰部。

冬用片金加海龙缘边，膝以上用红织金寿字缎面料，膝以下用石青行龙妆花缎面料，均以正幅裁制。贵妃、妃、嫔均相同，皇子福晋的朝裙膝以上用红缎。民公夫人、一品命妇的朝裙，冬以片金加海龙缘边，上用红缎面料，下用石青行蟒妆花缎面料。夏缎或纱随便用。下至三品命妇均同。

图 3-40　清代皇后朝袍

图 3-41　清代皇后龙褂

3. 清初的配饰

（1）朝珠。朝珠原是佛教数珠的发展，清代皇帝祖先信奉佛教，因此，清代冠服配饰中的朝珠也和佛教数珠有关。按清代冠服制度，君臣、命妇凡穿朝服或吉服必于胸前挂朝珠。朝珠由 108 粒珠贯穿而成，每隔 27 颗穿入 1 颗材质不同的大珠，称为“佛头”，与垂于胸前正中的那颗“佛头”相对的 1 颗大珠叫“佛头塔”，由佛头塔缀黄绦，中穿背云，末端坠一葫芦形佛嘴。背云和佛嘴垂于背后。在佛头塔两侧缀有三串小珠，每串 10 颗小珠。一侧缀两串，另一侧缀一串，男的两串在左，女的两串在右。朝珠的质料以产于松花江的东珠为最贵重，只有皇帝、皇太后、皇后才能戴（图 3-42）。此外有翡翠、玛瑙、红宝石、蓝宝石、水晶、白玉、绿玉、青金石、珊瑚、绿松石等。贯穿朝珠的丝绦，皇帝用明黄绦，往下为金黄绦、石青绦。

图 3-42　清康熙皇帝画像

（2）朝带、吉服带、常服带、行带等

① 朝带。清代的朝带是君臣穿朝服时所用，其版饰有严格规定。皇帝朝带有两种皆为明黄色，但祀天时用纯青色。朝带以丝绦制成，一头从带端开始，装龙纹金版四

具，其第二和第四这两具龙纹金版下面有挂环，可以挂一些小物件。

② 吉服带。清代的吉服带是君臣穿龙袍、蟒袍等吉服时所用。吉服带的形式与朝服带大致相同。皇帝的吉服带用明黄色，皇子、亲王、亲王世子、郡王的吉服带为金黄色，佩绦用金黄色。贝勒、贝子、镇国公、辅国公、固伦额驸、郡主额驸的吉服带也用金黄色，但佩绦用石青色。

③ 常服带。清代常服带为君臣穿常服时所用，与吉服带同制。

④ 行带。行带是穿行袍时所用，皇帝的行带用明黄色，有线纽带、里边带、黄线软带等多种。左右佩绦用红香牛皮制，饰金花银环各 3 个，中约也用香牛皮束来做，缀有银质花纹佩囊。明黄色绦、上面装饰着珊瑚。挂环上系挂刀、荷包、罗盘、牙签筒、火镰袋之类。

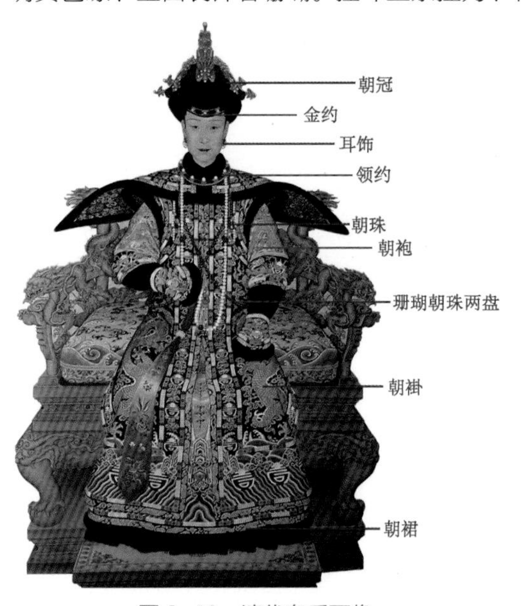

图 3-43　清代皇后画像

⑤ 金约。金约是妇女朝冠的配件，在戴朝冠时需先戴金约，再戴朝冠。金约起着束发的作用。金约由十几片弧形长条的金托连接成一个圆圈，外面饰金云、青金石和东珠，里面以织金缎衬裱。每片金托中嵌青金石，两片之间以金云和东珠相隔。金片数和金云、东珠的多少反映地位高低。在金约后面系金衔绿松石结和串珠数行，珠的行数和粒数也反映地位的高低（图 3-43）。

⑥ 领约。领约是清朝女子穿朝服时佩戴于项间压于朝珠和披领之上的饰物，以所嵌珠宝的质料和数目，及垂于背后的绦色区分品级，其形状同圆形项圈。用金丝作托，上面分段嵌珊瑚，间以点翠金片，每片上嵌东珠一粒，两端饰金瓜形，末段有金轴，在悬戴时可向外打开。每端垂两条丝绦，中间有珊瑚结将两绦相连，末饰坠角。

⑦ 耳饰。清朝满族女子的传统风俗是一只耳朵上戴三件耳饰，他们称环形穿耳洞式的耳环为“钳”，故后妃们穿朝服时一耳戴三钳。宫里选秀女，也要先派人验看耳上是否戴三钳。乾隆十四年选秀女，发现有的满族女子仿效汉俗一耳戴一坠子，乾隆帝曾明谕立行禁止。

清代耳饰分两大类，有流苏的为耳坠，无流苏的为耳环。不仅质料高贵色彩华美，而且形式千变万化，有的以体现珠玉材质本身的自然美为主，有的以显现珠翠宝石的色泽为准则，有的以繁缛工巧的工技为特色，有的将珠翠珊瑚组合成万寿字、方胜、福在眼前等吉祥如意的图样。

⑧ 彩帨。彩帨是清朝女子穿朝服时挂在朝褂的第二个纽扣上垂于胸前的饰物，以色彩及有无纹绣来区分品级。彩帨长约 1m，是上窄下宽，下端呈尖角形的长条，上端有挂钩和东珠或玉环，挂钩可将彩帨挂在朝褂上，环的下面有丝绦数根，可以挂针管、小袋子之类的物件。再下面为一圆形金银丝或画珐琅或镂金嵌宝的结，彩帨通过此结下垂。

⑨ 钿子。满清八旗贵族女子平日梳旗头，穿朝服时戴朝冠，穿吉服时戴吉服冠，还有一种类似冠的头饰，是在穿彩服的日子里戴的，叫作钿子。钿子实际是一种以珠翠为饰的彩冠。戴在头上时，顶往后倾斜。前后均以点翠珠石为饰。钿子的材质有金、玉、红宝石、蓝宝石、珍珠、珊瑚、琥珀、玛瑙、绿松石、翠羽等。

第二节　西方近古服饰

在西方服饰史上，近古期指的是从文艺复兴时期到路易王朝结束这一历史阶段，大约在1450 ~ 1789 年，这一时期的服饰无论是在内容上还是形式上都显得光彩夺目。由于政治、经济、文化等因素的变化影响，西方近古期根据艺术风格可分为三个阶段，即文艺复兴时期、巴洛克时期和洛可可时期。

文艺复兴运动是指 14 ~ 17 世纪的资产阶级文化运动，它是资本主义在欧洲兴起和封建制度崩溃的开端。这一时期的服饰文化是以新兴资产阶级经济发展为背景，以欧洲诸国王权为中心发展起来的，其服饰的标志性特点是由若干独立服饰部分组合在一起形成明确的外形穿着。而且，在构成形式上与中世纪有着很大的不同，表现出鲜明的建筑特点和硬直性特征。

巴洛克风格自 17 世纪开始盛行，其艺术风格表现为在一定程度上发扬了实用主义，克服了16 世纪下半叶流行风格中的消极主义倾向，表现得更加气派豪华与异彩纷呈。与文艺复兴时期不同的是，这个时期服饰的各部分以一种统一流畅的形式连接在一起，创造出一种流动的、统一的色调，部分与部分之间的界限消失了，但整体感却增强了，呈现出强烈的、跳跃的外形特征。

洛可可风格诞生在 18 世纪初期，服饰风格表现为将巴洛克那种男性的力度转化为女性的柔美和纤细，更追求一种轻盈细腻的优雅美，在富丽堂皇、甜美的波旁王朝贵族趣味中，服饰的人工美达到登峰造极的地步。

西方近古服饰的组合方式主要为上衣下裤或上衣下裙，在形式上替代了上下连体的袍服。为了追求精神上的解放，这一时期的人们在服饰造型上过多重视性别美，男性通过上半身膨大与下半身紧贴肉体形成鲜明对比，以表现男性的雄伟性感；女性通过上半身裸露胸部、束紧腰身与下半身膨大的裙摆形成鲜明对比，以表现女性独特优美的胸部、腰部和臀部曲线。这种男女绝对对立的风格，是哥特式以来西方窄衣文化发展的重要成果，不仅不同于古代服饰，而且与东方服饰造型形成了鲜明的对比（图 3-44、图 3-45）。

一、文艺复兴时期服饰

随着欧洲各国国力在不同时期的此消彼长和文化重心转移，文艺复兴时期的服饰随着历史发展表现出不同的地域特征和时代特征。这一时期的服饰文化可大体分为三个阶段：意大利风时期（1450 ~ 1510 年）、德意志风时期（1510 ~ 1550 年）和西班牙风时期（1550 ~ 1620 年）。

图 3-44　呈现倒三角形的男装

图 3-45　上轻下重的女性服饰

1. 文艺复兴时期的社会文化背景

中世纪的十字军东征开辟了东西方之间的商路，佛罗伦萨、威尼斯和热那亚等意大利城市成为当时的贸易中心，吸引了许多拜占庭学者来到意大利传播古希腊哲学、史学及文学，由此掀起一股研究古典文学的热潮。随着新兴资产阶级财富的不断积累，以古典文化为武装的知识分子开展了激烈的反封建主义和反天主教神学的思想斗争。文艺复兴起源于 14 世纪的佛罗伦萨，在 15 世纪下半叶席卷欧洲，最终在 16 世纪达到顶峰。这一时期，封建社会阴郁保守、沉闷严谨的艺术风格转变为色彩奔放、鲜明自由的新艺术风潮（图 3-46）。

图 3-46　文艺复兴时期的建筑

“文艺复兴”一词的原意是“再生”，即古希腊和古罗马文化的复活与再生，但它实际上包含更多的内容。文艺复兴运动解放了人性，肯定了人的价值与尊严，在艺术和文化上取得了新的突破与发展，出现一大批具有里程碑意义的艺术与文化巨匠，如但丁、达·芬奇、彼特拉克、薄伽丘、拉斐尔、米开朗琪罗等（图 3-47 ~ 图 3-50），他们创造的成果对当时和后世都产生了巨大影响。神权被人性取代，教会的禁欲主义让位于对世间享乐的追求，教会的蒙昧主义和神秘主义被对知识和理性的敬畏取代，这一系列改变使人们从天上神的幻想世界中清醒，转而跃入人间现实生活。

图 3-47　但丁

图 3-48 达 · 芬奇

图 3-49　拉斐尔

图 3-50　米开朗琪罗

2. 文艺复兴时期的主要服饰

文艺复兴时期的服饰在第一阶段表现为意大利风。意大利是文艺复兴的发祥地，这里的服饰更具有开放、明快、典雅的风格特色，与西欧同时代的服饰不同。意大利的威尼斯、米兰、佛罗伦萨、卢卡、热那亚等城市都有高度发达的纺织作坊，衣料中的织锦和金丝绒面料成为各国贵族们的新宠，为了尽量展示这些精美面料，服装造型出现了宽大平坦的平面风格。但是像织锦缎之类的华美织物，其质地相对硬挺，制作成的服装经常有碍于活动又不宜贴身，针对这些问题，人们会在织锦外衣的里边穿亚麻、棉织物等材料制成的内衣，并在肩部、肘部等关节处留出缝隙，用绳或细带连接各个局部，使手臂能够运动自如。这个时期出现了可以拆卸的袖子，袖子从此开始独立剪裁，独立制作，一对袖子可与多套服装搭配使用（图 3-51、图 3-52）。

图 3-51　衣料华美的男女服装

第二阶段表现为德意志风。德国是意大利的邻国，也是这一时期受意大利人文主义运动影响最早的国家，但是发生在16世纪的德国宗教改革运动以及宗教改革运动导致的德国农民战争，很快地削弱了这种影响。德国宗教改革运动和农民战争的影响开始在欧洲许多国家得到传播和扩展，同时也扩大了德国在欧洲的影响。德意志风时期服装的主要特色是内衬里子异色、白色内衣，缀有各色宝石、珍珠，还有裂口、剪口装饰，同时流行在紧身裤的外面套穿短裙裤，喜欢用裘皮材料作为衣领或服装边缘的装饰。这些在德国流行的服装形式，不同程度地影响着德国以外其他国家的服装款式和装饰风格（图3-53、图3-54）。

图3-52　可拆卸的袖子

图3-53　德意志风女装

图3-54　德意志风时期男女裂口服饰

第三阶段表现为西班牙风。从16世纪中期开始，西班牙通过掠夺殖民地的财富而暴富，但西班牙殖民者没有将钱财用于发展生产，攫取的财富流入西班牙贵族和商人的私人腰包中。贵族们沉溺于高消费、极端夸张的奇特造型，忽视人体生理需求，专制地将服饰化为怪异思想的表达工具，导致封建社会末期的残留在西班牙得到畸形的发展。这一时期，服装的缝制技艺非常精湛，最引人注目的是拉夫领的流行。意大利式的藕节袖也在这个阶段流行，同时利用填充物设计出多种样式的泡泡袖和羊腿袖，将回折袖或者翻袖作为装饰的衬袖，利用紧身胸衣和衬裙，凸显人体胸、腰、臀的曲线美（图 3-55）。

文艺复兴时期流行的主要服装，如普尔波万与肖斯的结合（紧身衣裤），布里彻斯（膨松短裤）、科多佩斯（股袋）的出现，风靡欧洲的斯拉修裂口装饰等，共同形成了文艺复兴时期鲜明的服装特色。

图 3-55　西班牙风时期男女服装

（1）普尔波万（紧身上衣）。文艺复兴时期，男子继续使用哥特后期的“普尔波万”，也就是紧身上衣。其衣长到臀底部，腰部系带，领型有圆领、立领和鸡心领，后来受西班牙风格服装的影响，出现了高立领，衣身逐渐向宽大发展，使用填充物突出宽阔的肩膀，质感硬朗，时尚有型，可以突出男性的阳刚之气。袖子可以自由拆换，一件衣服通常搭配两套袖子，有时一套袖子也可以和多件不同款式的衣服搭配使用。装袖子时将细带系在袖孔上，露出里面的衬衣，形成这一时期独特的装饰效果（图 3-56）。

（2）肖斯（紧身袜裤）。文艺复兴时期，上层社会男子仍然流行穿中世纪后期出现的紧身袜裤——肖斯，匀称的腿形是男子刚毅的象征。紧身袜裤从腰部到膝关节处有一定的填充物，要使其裁剪合体，技术含量较高，因而造价昂贵，只有有钱的贵族才能穿着。在当时，时髦男子的服饰奢侈程度往往体现在紧身袜裤的选择上。16 世纪中叶，紧身袜裤的造型已经发展出多种款式，但填充物仍主要集中在腰部。

（3）布里彻斯（膨松短裤）。布里彻斯是在德意志风时期流行的一种膨松短裤，也是上层贵族喜爱的一种服饰，因其与骑装大衣配套，又称“马裤”，俗称“截子裤”，一般穿在肖斯的外面。膨松短裤的造型肥大，呈南瓜状，其长度一般到臀部以下，表面有异色瓜瓣形凹凸相间的条纹（图 3-57）。

图 3-56　普尔波万和肖斯

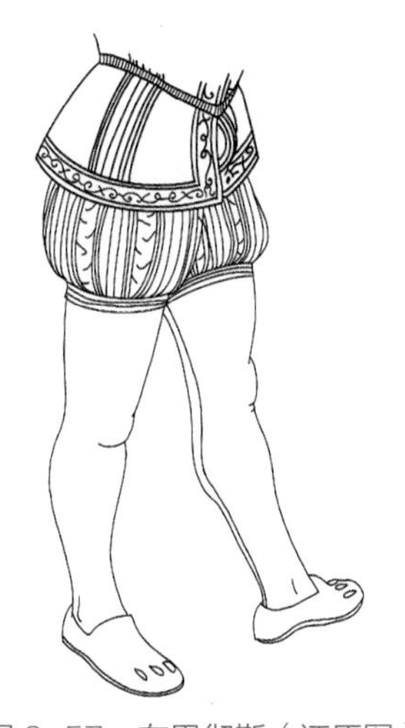

图 3-57　布里彻斯（还原图）

（4）科多佩斯（股袋）。科多佩斯是文艺复兴时期男子半截裤前裆部位的一块楔形遮阴布，主要功能是遮挡男子的生殖器，后来发展成一种挂在两腿之间的袋状装饰物，上面有刺绣纹样、镶嵌珍珠宝石。有的则采用斯拉修裂口装饰，露出里面的白色衬裤。里面装有填充物使其外观膨大，以强调和渲染其性特征部位，炫耀男性的威武雄大。科多佩斯最早起源于德国，后流行于欧洲各国，是文艺复兴时期男子服装上的一种特殊装饰物（图 3-58）。

（5）斯拉修装饰（裂口、剪口装饰）。斯拉修指的是 15 ~ 17 世纪流行的服装上的裂口装饰，最初来自参加过战争的雇佣兵的制服，也被称为“佣兵”样式。瑞士佣兵最先模仿战争中被敌人砍中的刀痕，在自己紧身上衣的手臂和肘关节处划开口子以炫耀自己。这种现象在瑞士、德国日益流行，并迅速流传到欧洲各国，王公贵族各自在自己的服装上划开口子，民众也纷纷效仿。这一现象发展到极盛时期，不仅在胸部、袖子上有裂口，而且在裤子、手套、帽子、鞋靴上也有斯拉修裂口，最多可达八百多道裂口。斯拉修有横向的、竖向的，还有斜向的，满身的裂口排列有致地形成独特的纹样，从裂口处可以看到服装里面的异色里子和白色内衣，裂口末端装饰着各种宝石和珍珠，这成为文艺复兴时期男女服装中非常具有时代特色的一种装饰（图 3-59、图 3-60）。

图 3-58　科多佩斯（股袋）

图 3-59　身穿斯拉修装饰服装的萨克森公爵

图 3-60　斯拉修装饰服装

（6）罗布（连体式长袍）。罗布是一种类似连衣裙的连体式女性长袍，出现于意大利风时期，上衣和下裙分裁后在腰部缝合，领口宽大呈方口形、V 字形或一字形，高腰身，衣长曳地，筒袖紧身合体，有用绸带一段一段扎系起来的藕节袖，肘部、上臂部装饰有许多斯拉修裂口。上下分离的裁剪方式展示了将整件衣服分成几个部分的基本思想，为后来提高女装外形的裁剪技术奠定了基础（图 3-61）。

（7）曼特（女子外衣）。曼特是文艺复兴时期女子的一种外衣，其表面有华丽的刺绣装饰，色彩鲜艳明快，款式采用高腰身，衣长到地面，袖子没有实际的使用功能，只是垂披在身上起装饰作用，而且这种袖子是系在外衣袖窿上的，可以随时拆卸和更换。其领口开得比较低和宽大，与膨大厚重的下裙相呼应，使女子的服装整体造型形成上轻下重的感觉（图 3-62）。

图 3-61　罗布

图 3-62　曼特（女子外衣）

（8）填充物服饰。使用填充物是文艺复兴时期服饰的一大特点，也是西班牙风时期男子服饰的主要标志。在上衣的肩部、胸部、袖子和下装的腰腹部都用填充物垫起，这种造型能够突出男子的上身宽阔，下身挺拔。袖子可以拆卸，随意搭配（图 3-63 ~ 图 3-65）。这个时期流行将袖子作为礼品赠送朋友，最典型的袖型有三种，详见表 3-9。

图 3-63　泡泡袖

图 3-64　羊腿袖

图 3-65　使用填充物的裂口服装

表 3-9　文艺复兴时期的典型袖型

袖型	特　点
泡泡袖	上衣袖山使用填充物使之膨大起来，上臂和前臂合体
羊腿袖	袖根肥大，用填充物使之膨起，从袖根到袖口逐渐变细，因形状酷似羊的后腿而得名
藕节袖	袖子造型如莲藕状

（9）拉夫领（褶皱领）。拉夫领是有褶皱的花边领，形状像磨盘，也被称为磨盘领和褶皱领，流行于 16 世纪和 17 世纪早期，是文艺复兴时期服装的一个独特组成部分。拉夫领的褶皱呈现连续"∞"字形，外层边缘绣有花边装饰，工艺复杂，需要借助专门的工具来完成造型。制作一个拉夫领大约需要 3 ~ 4m 的亚麻布或细棉布，通过上浆并硬化、压成连续的褶皱、绕成"∞"字状后用线固定，并用细金属丝作为支撑以防变形。由于拉夫领过于宽大，套在脖子后面头部无法运动，迫使人们表现出一种傲慢的姿态，这种态度符合文艺复兴思想中肯定人的尊严的观点。拉夫领有三种主要形式：早期的拉夫领为封口式，戴上它后头部很难活动，吃饭时需要用特制的长勺喂食；中期的拉夫领为敞口式，这使进食更加方便；晚期的拉夫领为披肩式，其功能性越来越强。拉夫领主要是上层贵族在重要的礼仪场合穿戴（图 3-66、图 3-67）。

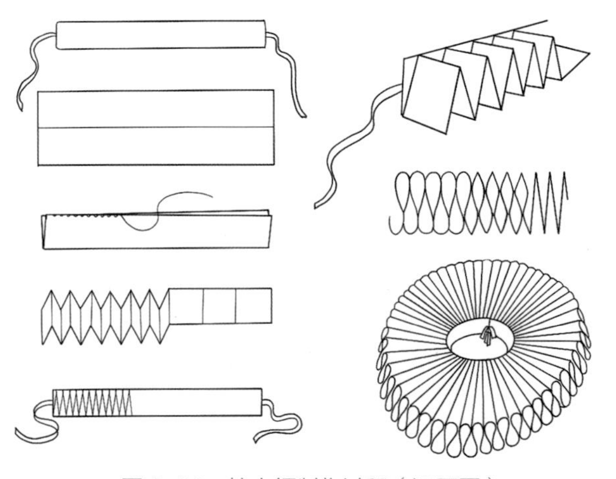

图 3-66　拉夫领制作过程（还原图）

图 3-67　拉夫领

（10）伊丽莎白领（蕾丝领）。伊丽莎白领是英国伊丽莎白女王所穿服饰的一种领子，流行于伊丽莎白一世和鲁姆斯一世统治时期。这种领子呈环状，材质一般为蕾丝或亚麻布，高耸的圆面上使用了金属丝做支撑，以达到衬托五官和头型的视觉效果（图 3-68）。

（11）法勤盖尔（裙撑）。法勤盖尔是 16 世纪下半叶出现在西班牙的吊钟形或圆锥形裙撑，这种裙撑由亚麻布缝制而成，在其中嵌入多段鲸鱼须做的轮骨，有时也嵌入藤条、棕榈或金属丝做成的轮骨。法勤盖尔尽可能地使女性下半身膨大化，通过上下身的鲜明对比塑造出女性理想中的形体造型（图 3-69）。来源于西班牙的这种裙撑很快在欧洲流行起来，受到英国、法国贵族女士的喜爱，裙撑也由此成为当时女子不可缺少的服装装饰。

图 3-68　伊丽莎白领

图 3-69　法勤盖尔裙撑

后来法国出现另一种用马尾织物制成的裙撑，其形状像轮胎，用铁丝固定里面的填充物，这种裙撑在法国被称为“奥斯·克尤”。该裙撑造型较之前有了很大进步，除了用环形垫圈固定的腰围外，裙子的其他部分不会影响下肢运动，甚至不影响女性骑马兜风等娱乐活动。后来，英国又在这种裙撑造型的基础上进行改进，使裙撑的廓形更大、外缘轮廓更清晰，如伊丽莎白一世画像中的裙子造型即为这种裙撑，腰臀处的裙子有两层，罩在裙撑最上面的一层自腰部向四周有很多呈放射状的规则褶饰（图 3-70、图 3-71）。

图 3-70　伊丽莎白一世肖像中的裙子

图 3-71　法国裙撑

（12）巴斯克依奴（紧身胸衣）。巴斯克依奴是一种无袖的镶嵌鲸鱼骨的紧身胸衣。从 16 世纪下半叶到 20 世纪初，紧身胸衣作为西方女性塑造理想外形的工具一直不可或缺。紧身胸衣能够收紧腰部、突出胸部，与强调丰臀的夸张裙撑形成鲜明对比，将女性的纤纤细腰塑造成表现女性特征的重要元素。西班牙时期的女装开创使用紧身胸衣束腰的先河，大约在 1577 年，一种叫作“苛尔·佩凯”的布质软紧身胸衣出现了，它的特点是中间有一条薄薄的衬里，增加了厚度，前身、后身和侧身的主要部分嵌入鲸鱼骨来增加束缚强度，用硬木或金属制作前身下端处的尖角，后身开口处用绳带系紧。

这个时期人们为了追求人体的曲线美，女性腰身被紧身胸衣勒得越来越细，为了增加对腰身的束缚，甚至出现了铁制紧身胸衣。据记载，法国王妃卡特琳娜·德·梅迪契的嫁妆中就出现了一件铁制的紧身胸衣，这位王妃还将腰身的“完美”比例从 40cm 降为 33cm。这种类似铁甲的紧身胸衣由前、后、左、右四片组成，连接前中部和两侧，穿时在后背中间用螺栓固定，也有由前后两片构成的，在腰的一侧合并，在另一侧用钩扣固定。女子束腰已经成为常态，并且越系越紧，随着年龄的增长、身体其他部位不断发育，腰部却变得越来越细，就像蜜蜂一样，在满足视觉审美的同时，女性的身体和寿命也受到了极大的损害（图 3-72、图 3-73）。

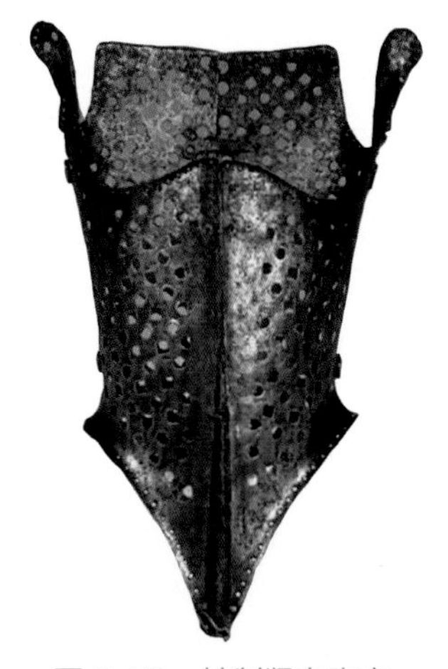

图 3-72　铁制紧身胸衣

图 3-73　不同样式的紧身胸衣（德意志风时期）

3. 文艺复兴时期的配饰与妆容

（1）面罩。面罩是文艺复兴时期男女外出时必不可少的配饰，贵族女性遮住整张脸，以保护皮肤不受日光照射的伤害，由此，在散步、打猎、出游、参加聚会、出入剧院时，女性佩戴黑丝绒面罩十分流行。面罩在男性群体中也很流行，男子佩戴面罩以隐藏自己的身份和表情。这种流行趋势一直持续到 18 世纪，并从上层阶级流传到普通的小市民阶级。

（2）发型与头饰。文艺复兴时期的男子留短发、短须或者剃须，女子则烫卷发和梳圣母玛利亚式的发型。人们使用的假发材质主要为丝绸或真人头发，经过漂染后呈现多种颜色，明度各异的金色假发最受欢迎，还可以与多种颜色假发搭配使用。当时是一个男人和女人都戴贝雷帽的时代，无帽檐或帽檐很窄，上面装饰着羽毛和珠宝，女帽的装饰比男帽更多。男子常在他们的大帽子下面戴一顶松软的帽子，而女子经常佩戴头巾，同时，法国女人还流行戴天鹅绒材质的帽子，在前额处绑着发带。这个时期的其他头饰上也装饰着奢侈华美的各类刺绣和宝石（图 3-74 ~ 图 3-77）。

图 3-74 男子发型图

图 3-75 装饰珠宝和羽毛的帽子

图 3-76 女子卷发

图 3-77 女子头饰

（3）乔品（高底鞋）。乔品是文艺复兴时期流行的高底鞋，有点像今天的松糕鞋，也是高跟鞋的前身（图 3-78）。随着裙子越来越宽敞肥大，高底鞋成为贵族用来协调比例的流行工具，这个时期的男鞋和女鞋从哥特式的尖头鞋演变为扁平的方头鞋，有的鞋面上还装饰着斯拉修裂口。方头鞋的鞋面材质为皮革或漆皮，木制鞋底，高度约 15 ~ 40cm，最夸张的鞋底高度为 76cm（图 3-79）。

图 3-78 高底鞋

图 3-79 方头鞋

高底鞋最初是名媛淑女的鞋，越来越流行后被设计得十分精美，据说贵族女子穿上高底鞋后就像踩着高跷一样，如果没有女仆在旁搀扶就很难行走。由于穿上高底鞋后身体拔高、高人一等，意大利人将其作为身份的象征。到 16 世纪下半叶，高跟鞋逐步取代了高底鞋。

（4）扇子。扇子是文艺复兴时期的经典装饰品，当西方探险家把扇子带回欧洲时，贵族人士争相购买，据记载，伊丽莎白一世有 31 把扇子，其中许多扇子都镶嵌着精美的宝石。扇子不仅在上流社会很受欢迎，在普通人的日常生活中也是必备品，甚至成为女性结婚的必备嫁妆之一。夏季携带折扇方便且实用，但扇子的装饰功能往往大于其实用功能（图 3-80）。

（5）香水。文艺复兴时期的人们并不经常洗澡，为了掩盖不好的气味，他们不得不依靠喷洒香水来粉饰个人的卫生情况。香水的需求量急剧增加，也促使香水行业快速发展起来，香水被贵族男女广泛使用，有些贵妇甚至给她们的宠物也喷上香水。1508 年，世界上第一家香水工厂在意大利的佛罗伦萨建成，王室贵族是这家工厂的忠实顾客，几个世纪以来，每一位统治者都会为其提供一种新的香水配方（图 3-81）。

图 3-80　手持扇子的伊丽莎白一世

图 3-81　携带香水的宝石杯

（6）手帕。文艺复兴时期的手帕男女通用，一般为丝绸或亚麻材质，在当时是一种奢侈品，贵族人士有时特意将喷上香水的手帕拿在手中，以展示其精美的花纹。16 世纪中期，威尼斯流行将手帕露出一角放入衣服的口袋里，这后来成为欧洲皇室最流行的一种服装配饰，统治者专门颁布法令来规范使用手帕装点服饰的方法，并且禁止贫民使用（图 3-82）。

图 3-82　持手帕的贵族女子

二、巴洛克时期服饰

“巴洛克”一词起源于葡萄牙语，原意为“有缺陷的珍珠”，17 世纪末以前用于批评各种离经叛道、不合常规的事物，18 世纪被用作贬义词，一般指违反自然规律和古典艺术标准的行为。海因里希·沃尔夫林对巴洛克风格做出系统的表述后，该词成为一种艺术风格的名称，也成为西方艺术史上一个时代的代称。巴洛克风格以宏伟雄浑、复杂夸张、强调光影效果为特点，善于在音乐、雕塑、绘画以及服饰方面表现强烈的情感色彩，作品中蕴含丰富的世俗感和多姿多彩的曲线，扭转了以往灰色、直线型的艺术风格，将人的注意力从人体转移到人与自然的联系上。巴洛克艺术改变了文艺复兴时期兴起的艺术色彩和表现手法，很快成为 17 世纪的时尚。

1. 巴洛克时期的社会文化背景

17 世纪的欧洲正处于动荡和变革时期，内战与战争不断，各国家之间的和平条约一再被撕毁，以德国为主战场，几乎所有的欧洲国家都参加了著名的三十年战争（1618～1648 年）。在这个战乱频繁的时代，王公贵族们却仍然过着富裕而浮夸的生活，装饰富丽、讲究排场成为表现权势的社会性和政治性需求。皇室贵族大兴土木，建造花园和宫殿，举办大型游园会、宴会，听音乐、看戏剧还赞助艺术创作。掌握权势的男子有的玩弄权术和搞政治阴谋，有的忙于追求时髦的贵夫人，男性在这个时期大展身手，由此形成了以男性为中心的强有力的艺术风格，即为巴洛克风格（图 3-83、图 3-84）。

图 3-83　巴洛克风格建筑

图 3-84　巴洛克风格的男性服装

在服饰史上，巴洛克风格通常分为两个时期，第一个是荷兰风格时期（1620～1650 年），第二个是法国风格时期（1650～1715 年）。荷兰共和国成立于 17 世纪初期，资本主义经济迅速发展，荷兰在 17 世纪中叶成为欧洲金融中心，同时也引领了服装潮流。在 17 世纪下半叶，“太阳王”路易十四（图 3-85）推行中央集权制和重商主义经济政策，法国逐渐发展壮大，自然也取代荷兰成为欧洲新的时装中心。从此，法国巴黎成为欧洲乃至世界的时装时尚中心，并一直延续到今天。

2. 巴洛克时期的主要服饰

图 3-85　法国国王路易十四画像

巴洛克时期的服饰具有浮夸和矫揉造作的特点，男装风格尤其夸张，装饰烦琐，奔放生动之余难免显得装腔作势。在强调曲线的造型中，装饰华丽烦琐而不缺男性的力度，加上华丽的纽扣、丝带、蝴蝶结和花纹边饰等装饰，共同表现这个时期服饰的标志性特点。

巴洛克前期的荷兰风风格服饰，整体肥大而宽松，服装颜色以深色为主色调，袖口搭配白色蕾丝，看上去十分醒目。服装样式上放弃了文艺复兴时期的拉夫领、填充物、紧身胸衣及裙撑，以蕾丝为主导的装饰大量出现在领口、袖口和裤脚等处。男子服装一般为垂领、肥短裤，领口、袖口、上衣和裤子边缘处、帽子和靴子内侧露出许多缎带和蕾丝花边。当时的男子非常喜爱骑士服，上衣紧身，搭配宽松半截裤和水桶形长筒靴，靴口向下翻折，头戴装饰有羽毛的鲁宾帽，为了表现出骑士风度，贵族男子常常把佩刀斜挂在右肩上。此时的男子还喜欢留长发（Longhair）、服装上采用大量蕾丝花边（Lace）和皮革（Leather），因此荷兰风格时期也被称为“3L”时代。

巴洛克后期的法国风风格服装，最大的特点是在服装上大量装饰缎带、蕾丝和刺绣。此时的男子服装发生了很大的改变，裤臀、下摆和其他连接处都装饰着缎带，宽幅褶子的帽子上装饰羽毛，男子习惯穿着由外套、马甲和半截裤组合而成的套装。这时的女装放弃了以鲸鱼骨作为支撑的裙撑，但仍然保留了增加髋部宽度的臀垫和紧身胸衣，领口敞得很低，用柔软的布质碎褶进行装饰。衬裙外搭配多条长裙，裙身前面有褶裥，后裙卷起来堆放在臀后，裙摆曳地，体现出女性身材的优美和纤细。在服装历史上第一次出现这种夸张臀部的裙子款式，是巴洛克时期女装的标志之一。在巴洛克时期戴假发很流行，尤其是在法国，长长的黑发（主要是长假发）松散地卷曲在头部、垂到肩膀和胸前的形象深入人心。

（1）拉巴领（披肩领）。拉巴领为垂领，作为荷兰风时期主要的领饰深受法国国王路易十三的喜爱，因此也被称为“路易十三领”，又由于画家凡·戴克经常画带有这种领子的肖像画，又被称为“凡·戴克领”。巴洛克前期的服饰上还残留着许多文艺复兴后期的服饰痕迹，但烦琐的拉夫领饰已被工艺相对简单的拉巴领代替。这是一种披肩式的有花边的方形领子，通过在领口处收省道来完成其造型，领子表面和边缘都蒙有蕾丝花边装饰，领子做好后缝在领口上或用带子固定到脖子上。到了路易十四时期，拉巴领的两边演变为两条长条形的布，使用时在领前合上（图3-86）。

（2）达布里特（外衣）。达布里特是巴洛克时期的一种外套，发展到荷兰风时期时，长度基本能盖住臂部，肩部为大溜肩形态，腰线向上移动并且更注重收腰，腰带变为装饰，胸、背处有少量的切口装饰，袖子紧窄合体，袖口装饰蕾丝花边或露出里面的衬衣作为装饰。衣身下摆通常由几片衣料组合在一起形成波浪状，看上去像是系在腰上的褶皱短裙。到了 17 世纪中期，达布里特的长度已经缩短到腰部，甚至更短了，但它仍然具有外衣的基本特点，比如小立领，前面开口的门襟上有一排纽扣，下摆连接一块窄布垂下来。袖子变短或者无袖，有袖的仍然装饰裂口，无袖的上边右肩向下斜挂绶带来表示身份。到了 17 世纪下半叶，达布里特的长度不断缩小到缺乏实用价值，于是被人们舍弃，从此退出历史舞台。

（3）究斯特科尔（长外套）。究斯特科尔原意为“紧身合体的衣服”，由衣长及膝的军服卡扎克演变而来，是 17 世纪男性服饰的典型代表。它衣身宽松、没有领子，前门襟装饰一排金属纽扣，下摆从臀部开始自然垂落，后背的底摆处开衩，约在下腹位置设有口袋，从袖窿到袖口越来越宽松，袖口向上翻折，用扣子固定，整个造型的重心在下方。究斯特科尔上有许多扣子，但一般作为装饰并不系扣，偶尔在腹部扣上一两个，用料珍贵，有纯金、银、珍珠、宝石等（图 3-87）。

图 3-86　拉巴领

图 3-87　究斯特科尔

（4）贝斯特（长坎肩）。贝斯特是与外衣配套穿着的一种长坎肩内衣，常作为室内服和休闲服穿着，男子外出或出席正式场合时，也会在究斯特科尔里面穿贝斯特坎肩。它的造型收腰，后背处开叉，衣身长度与前门襟基本与外衣相同，有许多装饰纽扣。从 17 世纪末到 18 世纪初，贝斯特一直很受欢迎，当它从长袖变成无袖坎肩后，改名为“基莱”，衣身长度也逐渐缩短。

（5）克尤罗特（半截裤）。克尤罗特是贵族男性穿着的紧身半截裤，裤长至膝盖处，裤子底端系着吊袜带或缎带，有蝴蝶结装饰。与外套究斯特科尔和坎肩贝斯特构成现代西服三件套的最早组合形式，是现代西服的前身（图 3-88）。

（6）朗葛拉布（裙裤）。在巴洛克时期除了流行半截裤克尤罗特外，还出现了一种长度到腿肚的裙裤朗葛拉布，由莱茵伯爵首创，其外形类似于当今女性的裙子，腰部以下装饰碎褶，下身搭配的长筒袜上有刺绣纹饰（图 3-89）。

图 3-88　克尤罗特

图 3-89　朗葛拉布

（7）缎带。缎带是巴洛克风格的典型配饰，因为法国从 1599 年起就禁止使用织金锦、蕾丝和天鹅绒等高级织物，只允许男士和女士使用缎带和单纯的丝绸，于是这个时期缎带装饰的价格水涨船高。这些缎带通常制成蝴蝶结状或环状，用于装饰外套、假发和宽檐帽子。1661 年开始实行根据地位使用缎带的制度，一件衣服上装饰的缎带越多，其身份地位就越高（图 3-90）。

图 3-90　用蕾丝和缎带装饰的服装

（8）层叠裙。层叠裙是巴洛克时期女装的主要款式，当时流行叠穿三层不同颜色的裙子，一般来说，最里面的裙子颜色鲜明，中间的裙子颜色深沉，最外面的裙子颜色柔和，面料采用轻薄柔软的绸缎。三层裙子层叠外露，采用了低领设计，领、袖等处装饰大量的蕾丝花边，营造出一种女性丰满莹润的造型感受。这种层叠的裙子很好地展现了着装者的财富和地位，女性外出时会将层叠裙的最外层提起，或者打开前襟露出内层衬裙，以炫耀其华贵的衣料和精美的装饰（图 3-91）。

（9）巴斯尔臀垫。巴斯尔臀垫实际上是一种附加在女性身体后臀及以下部位的衬裙式裙撑，通过垫高女性后臀凸显了女性后臀形态，这种在法国流行的巴斯尔样式又称“巴黎的屁股”，最早出现于 17 世纪末期。使用巴斯尔臀垫后，将最外层裙子卷起来集中堆放于后臀处，让裙摆自然下垂，或者掀起裙子的前部，用缎带固定在两侧，露出里面丰富美丽的衬裙（图 3-92）。

图 3-91　层叠裙

图 3-92　臀垫

3. 巴洛克时期的主要配饰

（1）男子三角帽。大约在 1690 年的巴洛克后期，各行各业的男子都流行戴一种三角形宽边帽，帽檐向上翻卷，上面有金属纽扣、羽毛和丝带等装饰，这种帽子流行了近 1 个世纪，一直持续到洛可可后期。

（2）克拉巴特（领巾）。克拉巴特是由薄棉布、亚麻布或薄丝绸制成的领巾，因为巴洛克风格的服装衣襟都是敞开的，所以脖子上装饰领巾就显得尤为重要。克拉巴特有两种系法：一种是将领巾折出宽度缠绕在脖颈上，于前方打结，领巾末端自然下垂于胸前；另一种是将领巾松松地在脖颈上缠绕几圈后塞进衬衣或者塞进外衣的第六个扣眼中，还可以用别针固定在衣服上（图 3-93）。

图 3-93　克拉巴特（领巾）

（3）男子假发。在荷兰风时期，齐肩长发在男性群体中很流行，而在法国风时期，深色的卷曲假发很流行，假发在当时既可以作为显示威严的装饰品，也可以作为弥补头发稀少的实用品。假发最早出现于古埃及时代，古希腊、古罗马时期均有存在，在巴洛克时期，它被法国皇室当作一种纯粹的头部装饰而使用，很快在欧洲各国流行起来，时髦的贵族男子纷纷赶赴法国购买假发，部分男子甚至愿意剃光真发而佩戴假发（图 3-94）。

（4）方坦基（女子高发髻）。方坦基是巴洛克时期女性喜爱的一种高发髻，出自路易十四国王的宠妃玛德莫埃哉尔·德·方坦基。这种发髻有二十多种形状，通常用假发和真发混合在一起来突出高度，有的头戴波浪状扇形的亚麻布片，有的用铁丝将白色蕾丝和绸带固定竖在头顶。方坦基用宝石和珍珠进行装饰，整个发髻的长度是面部长度的 1.5 倍，这种风格到 18 世纪初期一直流行（图 3-95）。

图 3-94　戴假发的男子

图 3-95　女子高发髻

（5）翻边长筒靴。翻边长筒靴有鞋跟，靴口很大并且向外翻折，还装饰着蕾丝边饰（图 3-96）。男子流行长筒靴，女子流行尖头高跟鞋，鞋上扣窄小的、装饰珠宝的带子，鞋面上装饰有用缎带、织锦或花布做成的蝴蝶结。

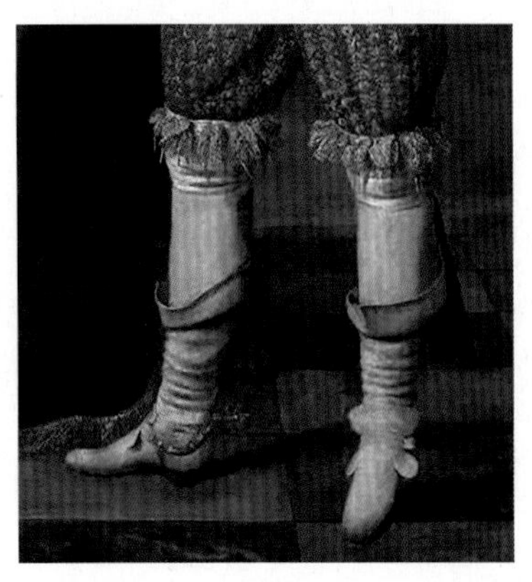

图 3-96　翻边长筒靴

三、洛可可时期服饰

“洛可可”是“Rococo”一词的音译，源自法语“Ro-caille”，原本指的是用贝壳和石头建造的人工假山和岩洞，后来指的是带有贝壳纹样曲线的装饰主题。“洛可可”一词最初代表了 19 世纪古典主义思潮对 18 世纪室内陈设和家具装饰的批评，后来作为一种艺术风格，专指 1715 ~ 1789 年这几十年间的历史文化样式，成为艺术史上区分时代的名称。

1. 洛可可时期的社会文化背景

18 世纪，西欧发生了翻天覆地的变化，英、法两国成为强国后，两国之间激烈的商业竞争逐步引发了历史上著名的七年战争，最终以法国的失败结束。这次失败为法国大革命创造了土壤，而英国的胜利和产业革命的成功，也极大地促进了资本主义的发展。法国贵族对祸患连绵的战争漠不关心，资产阶级沙龙文化在上流社会兴起，在路易十四的晚年，高级政府官员和新兴资产阶级成为取代旧有贵族的社会势力，18 世纪的沙龙文化就是在贵族和新兴资产阶级的社交生活中诞生的。身处沙龙中的上层人士只注重现实生活中的快乐和感官享乐，尤其注重人的外表发展，追求优雅闲适、华美细腻的艺术生活，由此形成了与庄重奢华、喧嚣理性的巴洛克文化形态相对的洛可可样式。

洛可可是以室内装饰为主体的样式名称，其特点是在室内装饰和家具造型上布满凸起的贝壳纹样和莨苕形的叶子装饰，各处边角和接缝避免使用直线、直角，C 形、S 形和涡旋形的曲线纹饰蜿蜒反复，色调保持高明度、淡雅十足，形成一种非对称的、奔放风流而又纤细华美的女性化装饰样式（图 3-97）。

图 3-97　洛可可时期的建筑

2. 洛可可时期的主要服饰

洛可可时期的服饰重点从 17 世纪的男装转向了 18 世纪的女装，服饰的细腻化趋势更加明显，裙撑的复用和发髻高耸是这个时期的典型特征，男装的女性化趋势也越来越明显。这个时期的发展历程可分为三个阶段。

洛可可初期（1715～1730 年），也被称为“奥尔良公爵摄政时期”，是巴洛克风格和洛可可风格之间的过渡时期。服饰上仍带有一丝巴洛克风格，同时逐渐发展出一种柔和纤细的女性化风格。

洛可可鼎盛期（1730～1770 年），也是路易十五时代，服饰的特征表现为纤细优美，洗练性感，大量使用轻盈的曲线装饰，过去的圆钟形裙撑变成椭圆形横向裙撑，前后平展，左右宽大，将女性的性感妩媚推向极致。女性领口开得很大，胸部、肩膀裸露在外，服装上点缀大量的珠宝、丝带和人造假花，服装所用面料柔软，图案花纹小巧精致，颜色明快清新，常用淡粉、淡绿、鹅黄等娇嫩的色彩，粉色调为这一时期的主色调。

洛可可衰落期（1770～1793 年），也是路易十六时代，服饰发生了许多变化和改进。洛可可鼎盛期服饰的变异发展被新兴服饰取代，路易十六的王后玛丽·安托瓦内特对华服美饰的热衷追捧，为巴黎时尚的风靡奠定了基础（图 3-98）。

（1）阿比（长外套）。洛可可时期，被称为“阿比”的男子长外套与巴洛克时期被称为“究斯特科尔”的男子上衣基本相同，收腰款式，下摆处增加各种丝麻衬或鲸鱼须，使其看上去呈波浪状向外撇张。长外套的两侧和后背中间都有开叉，没有领子，少数款式装有立领，前门襟装饰一排纽扣，纽扣的制作和镶嵌工艺十分精美，常用宝石进行装饰。和巴洛克时期相同，纽扣以装饰功能为主，一般不系扣或仅系三四粒扣来表现时尚。阿比一般使用浅色绸缎制作，上面的装饰图案细腻柔和，总是带有一些女性化的色彩（图 3-99）。

图 3-98　洛可可时期夸张的女装造型

图 3-99　男子长外套阿比

（2）贝斯特。贝斯特穿在阿比里面，和阿比的造型基本相同，没有领子，长度比阿比短 2in（约 5.08cm）左右，用料华贵如丝绸、锦缎、毛织物，并用金线刺绣进行装饰，里面白色衬衣的领、袖部分都装饰了蕾丝或细布褶边，与阿比和贝斯特的外观形成鲜明对比。后来，贝斯特的长度逐渐缩短到腰部，袖子也不见了，前片仍然使用华丽的面料，而通常看不见的后片由简单廉价的面料或者里子料制成，被重新命名为“基莱”，也是现代西装背心的前身。

图 3-100　克尤罗特

（3）克尤罗特（半截裤）。洛可可时期的克尤罗特半截裤与巴洛克时期的基本相同，其样式更加贴身合体，一般用浅色、亮色的缎料制成，不需要系腰带或者用吊裤带固定。长及膝盖，裤口用 3～4 粒扣子固定，下身穿白色长筒袜，1730 年以前的长筒袜袜口包在裤口外面；1730 年以后的长筒袜袜口包在裤口里面，裤口外用襻带或皮带扣进行装饰和固定。这种由夫拉克、基莱和克尤罗特组成的三件套，在路易十六时代至 19 世纪一直是上流社会男子的社交服装（图 3-100）。

（4）夫拉克（上衣）。夫拉克作为外出穿着的上衣，款式简单实用，门襟从腰部到背部逐渐倾斜，是后来燕尾服或晨礼服的最早原型。夫拉克有两种款式，分别是立领式和翻领式，前门襟的排扣一般不系，后摆开衩，袖子采用两片式结构，袖长到手腕处，露出里面衬衣的褶边。1780 年，英国出现了毛料材质的夫拉克，从此，简单实用的英国式夫拉克成为男式西服的主要造型。

图 3-101　蓬巴杜夫人

（5）罗布・吾奥朗特（裙装）。罗布・吾奥朗特是洛可可初期的一种女性裙装，上身紧身合体，领口开得很大，有蕾丝花边装饰，背部有细密的普利兹箱形褶，从肩部垂至地面，构成斗篷式造型，裙摆飘逸，充分体现女性优美的特征。由于受到路易十五的情妇蓬巴杜夫人的青睐，这种优雅的衣裙样式迅速走红，贵族妇女争相穿着。由于宫廷画家瓦托经常画穿着这种服装的女性肖像，该服装也被称为“瓦托式罗布”（图 3-101、图 3-102）。

图 3-102　不同形式的罗布 · 吾奥朗特

（6）帕尼埃（裙撑）。帕尼埃是洛可可中期流行的一种前后扁平、左右宽大的裙撑样式，制作材料为鲸鱼骨、金属丝、柳枝藤条或亚麻布等，在洛可可鼎盛时期，帕尼埃的尺寸逐渐增大，据记录它的宽度最高可达 4m，过于宽大的横向裙摆使得女性出行十分不便。到了 1770 年，折叠式帕尼埃被发明出来，它的框架上有一个合叶，可以随意打开和合拢，使用方法是在帕尼埃外面先后套上衬裙和罗布，罗布为前开衩，露出倒三角形的紧身胸衣，下裙呈 A 字形张开，露出里面的衬裙。罩在帕尼埃撑裙外的裙子刺绣繁复，装饰各种丝带、花边、鲜花和人造花，因此穿帕尼埃裙撑衣裙的女性也被称为“行走的花园”（图 3-103、图 3-104）。

图 3-103　帕尼埃

图 3-104　法国皇后玛丽 · 安托瓦内特

（7）苛尔·巴莱耐（紧身胸衣）。洛可可时期的紧身胸衣称为苛尔·巴莱耐，这个时期紧身胸衣的制作方法有所改进，鲸鱼骨仍旧是支撑材料，但可以根据穿衣者的体形变化进行弯曲后镶嵌到紧身胸衣内。紧身胸衣外罩丝缎面料，前面被装饰成倒三角形，视觉感受上腰部显得更加纤细，胸衣的背后用带子系扎，勒紧的腰部将胸部衬托得更加突出，展现出丰满性感的女性特征（图3-105）。

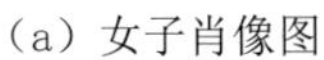
（a）女子肖像图

（b）实物图

图3-105　镶嵌鱼骨的紧身胸衣

（8）波兰式罗布。由于波兰服装的影响力扩大，1776年出现裙身被卷起三个大团包的波兰式罗布。团包的扎系方法有两种：一是将臀部两侧裙摆向上束扎；二是在裙摆内侧安装带环，用于穿绳来提系裙子。波兰式罗布的裙身体积变小，裙长缩短，在不影响贵妇优雅气质的前提下，更便于运动，在中下阶层的女性中十分流行（图3-106）。

图3-106　波兰式罗布

（9）卡拉科（紧身夹克）。卡拉科是一款女夹克，它吸收了男装的功能性，上半身合体紧身，下摆呈波浪状向外张开，长度及臀，背部还嵌有鲸鱼须，让女性的身姿看起来更加挺拔，袖子又细又窄，分为长袖、七分袖两种形式。卡拉科最早为 1780 年间英国上流社会女性所穿着的服装，后来在西欧普及，代表了西方女装男性化的流行趋势。

3. 洛可可时期的妆容与配饰

（1）妆容。洛可可时期，化妆不仅受到女性青睐（图 3-107），也深受男性欢迎，男子面颊不留胡须，出门时在面部、头发上扑撒白色香粉，脂粉味十足。这一时期男性也流行使用香水，香水的需求量激增，最早的香水店出现在了巴黎街头，在上层社会时髦男女的共同引领下，法国巴黎成为香水之都。

（2）面饰。黑痣在洛可可时期是一种流行的面部装饰，这种趋势起源于文艺复兴时期的意大利，当时的女性用树脂将黑天鹅绒或小片黑色丝绸贴到脸的各个部位，以吸引男性的注意。黑痣有各种各样的形状和大小，最常见的有圆形、心形、四角形、星形和月形，也有小动物和小人形的。这个时期贴在不同位置的黑痣代表了不同的含义，因此也成为情人间约会的暗号（图 3-108）。

图 3-107　手持化妆刷的女子

图 3-108　面饰——黑痣

（3）男子袋装假发。洛可可时期的男子假发比巴洛克时期的假发要小，脑后扎起马尾辫并装在丝绸质地的袋子里，再系上黑色丝带。洛可可时期也被称为“假发时代”，假发有各种各样的款式，前期流行白色假发，后期流行灰色假发，并在假发上扑撒香粉、洒香水（图 3-109）。

（4）女子高发髻。复杂而夸张的高发髻是洛可可时期女性的典型装扮，极端时期发展到了 3ft（91.44cm）的夸张高度。梳高发髻要用马毛做成的发垫或者用金属丝作为支撑，然后用发胶和发粉固定住真发和假发。发髻上的装饰物精美绝伦令人意想不到，甚至包括山水盆景、庭园楼阁、车马牛羊和海上军舰，当时法国流传一句笑话，“最好的军舰在皇后头上”，可见其精致和夸张的程度。舞厅的房顶必须升高，以免破坏贵妇们的发型，甚至教堂正门的屋顶也因此升高了一两米。这些精巧的高发髻需要花费大量的人力、物力和时间，一旦完成便不会轻易拆下，为了让其保留得更久一些，贵妇们只能半躺或者坐着睡觉，往往睡眠不足（图3-110）。

图3-109　精致的假发造型

（a）正面

（b）背面

图3-110　女子高发髻

（5）高跟鞋。洛可可时期的鞋子制作工艺精巧，鞋跟较低，鞋面由织锦、绸缎或亚麻布制成，少数鞋子还使用柔软的小山羊皮制成，通常在鞋外套上拖鞋式的套鞋，以免旅行时弄脏。高跟设计的初衷是为了让贵族人士在脏处中穿行时方便踮起脚跟，但这一设计在增加身高的同时，使腿型看起来十分优美，逐渐在贵族间风靡，典型造型有“路易高跟”（图 3-111）。

（6）配饰。手杖装饰自 15 世纪起就很流行，洛可可时期的男子仍携带手杖，手杖的材质多样，通常为木质和竹质，也有由象牙制成的奢华手杖。东方传来的扇子是欧洲贵族女性服饰中必不可少的装饰品，扇柄材料为象牙或黄金，扇面上装饰鸵鸟、鹦鹉或孔雀的羽毛，有些还镶嵌宝石（图 3-112）。

图 3-111　高跟鞋

图 3-112　持扇的贵族女子

第四章
近代服饰

历史上通常将1840年第一次鸦片战争和1919年五四运动的爆发作为中国近代史开始和结束的标志。随着西方殖民者的入侵，西方文化也随之渗入人们日常生活的方方面面，中国几千年来严格的服饰等级制度受到前所未有的冲击，但由于清政府闭关自守，从最高统治者到普通百姓的服饰在这一时期的发展十分缓慢。清王朝无力抵抗列强的坚船利炮，政治上逐渐出现“中体西用”的积极探索，在服饰上则展露出“西风东渐”的新气息。民国政府成立后，“剪辫放足”运动兴起，中国纺织业也在相对平稳的环境里迎来一段黄金期，袁世凯逝世后，军阀混战、政局动荡，服装样式也渐趋繁杂。

西方近代服饰史通常包括新古典主义时期和浪漫主义时期这段时间，美国的独立、法国大革命、产业革命这些事件都对19世纪的世界造成了深远的影响。以法国为例，不管是政治、经济还是各种文化现象，都发生了剧烈的变化，法国大革命结束了封建统治，建立起了新的资本主义社会。在这个世纪里，社会结构的巨变使得服饰文化也发生了很大的变化，服装在廓形、造型、结构上产生了丰富的变化。男性已没有必要穿着那些装饰烦琐、夸张的服装，开始追求服装的活动性、机能性以及实用性；女装样式则带有不同时期非常明显的特色，其服装造型、装饰手法、着装理念在不同时期都有着很大的差异。

第一节　中国近代服饰

在第一次鸦片战争至辛亥革命的几十年间，传统的满、汉女子服饰渐趋融合，中国女子装束在西风东渐的影响下，也表现出了远比人们想象更大胆的流行趋势。随着留学生数量的增多和外国商人的涌入，穿着西式服装的风潮渐渐出现。甲午战争爆发后，剪辫易服成为革新派和先进知识分子的共识，但由于清政府最高权力中枢和部分思想极度保守的人对此持反对态度，执行起来阻碍重重。随着戊戌变法对改制更服的呼吁以及留学归来人士带来的新形象与新思想不断扩大影响，衰落的清政府最终颁发条例，“凡我臣民，准其自由剪发”。在军事领域，传统的清王朝八旗和绿营军的军服宽松拉垮，不能适应硝云弹雨的战场环境，清政府为了维护自身统治，决心建立新型海、陆军并颁布新的服制，但此时的军服制度仍保留中西合璧的特点。

从清王朝被推翻至1919年，向往文明的剪辫放足之风盛行，中国传统服装如“长袍马褂”被法制化，与西式礼服一同载入礼服制度，民众服装与军阀服装共同呈现出一种剧烈动荡与混杂发展的变化趋势。一方面封建制度并未完全被铲除，另一方面民主的风气大开，人们大谈“改良”与“文明”，如女子穿西式白婚纱，但新郎依旧长袍马褂，甚至披红戴花在家里举行婚礼，谓之“文明结婚”，就是这个特殊年代的产物。

一、清末服饰

1. 清末时期的社会文化背景

自 1840 年第一次鸦片战争以来，清政府祸患连绵，对外有鸦片战争、中法战争、中日甲午战争，都相继失败，不断签订丧权辱国的条约；对内有太平天国运动，沉重打击了清王朝的腐朽统治，加速了清政府的衰落和灭亡。面对“数千年未有之变局”和“数千年未有之强敌”，一方面以最高统治者为代表的顽固守旧势力无能自大且不愿改变，另一方面以恭亲王、张之洞、李鸿章为代表的洋务派和有爱国情怀的知识分子苦苦思索富国强兵之路（图 4-1）。

清朝统治晚期，传统的中央八旗部队和地方绿营部队无力镇压农民起义，于是淮系陆军和北洋海军等新型军队发展起来，并有意识地在武器装备、训练模式和军服制度上逐步向西方靠拢（图 4-2），从中我们可以观察到服装变革对战斗力的提升作用。以留美幼童为代表的留学生归国，对中西服装的融合起到了直接的推动作用。清政府屡次在战争中失利后，国门被迫打开，大量穿着剪裁合体的西式服装的西方人来到中国，在一定程度上带来了西服的制作技术，推动了西式服装在中国的发展，由此引发中国民间和一部分政界人士服装风格的变化。

图 4-1　清朝洋务派官员形象

图 4-2　清朝绿营兵形象

国门被打开后，无数中小手工纺织业经营户受到价廉质优的洋货冲击，纷纷破产，面对此等严峻的形势和较大市场真空带来的利润吸引，洋务派官员、在华外国商人和中国民间商人广泛投资中国纺织业，其间开办了如上海机器织布局、上海华新纺织新局、裕源纺织厂、华盛纺织总厂等官办、民办企业。至中日甲午战争之时，全国仅丝绸业就有百余家新生企业和数万从业人员，且已具有一定规模。与此同时，服装加工业兴起，出现了以苏州和广州裁缝为代表的中式服装店和以宁波“红帮”为代表的西式服装从业者，城市中还形成了具有时代特色的“估衣街”。“估衣”指的是典当在当铺内仅穿过一两回或未上身的二手衣服，由于这种服装没有破损且价格相对低廉，满足了许多社会底层家庭的需求。

2. 清末时期的服饰

（1）渐趋融合的满汉女子服饰。与清初统治者采取强制手段迫使汉族人遵循本朝衣冠制度不同的是，清末时期满汉女子之间严苛的服饰区别已显露出松弛的势头。一方面，满族女子流行效仿汉族服饰；另一方面，汉族女子服饰不断与满服交融，最终表现为清末女子服饰的诸多特色，重点体现在袄裙、裤、云肩、镶滚上。

汉族女子的贴身小袄一般很鲜艳，颜色多用葱绿、粉红、桃红等，大袄主要为右衽大襟式样，根据季节变化有单、夹、皮、棉之分，多长至膝下，光绪末年渐趋短小，袄外罩坎肩和披风，坎肩多用于防寒，披风多为外出时穿用。下身主要穿着系在长衣内的长裙，款式多变，从清初到清末，“月华裙”“凤尾裙”“弹墨裙”“鱼鳞裙”等层出不穷。根据中国传统习俗，女子在喜庆时节一般穿红裙，丧夫寡居者穿黑裙，上有公婆而丈夫去世多年者则可穿湖色、天青色的裙子，此外，从事体力劳动和服务工作的女性，往往不穿套裙而穿裤（图4-3～图4-12）。

图4-3　清朝末年女子聚会形象

图4-4　清朝末年闺阁女子形象

图4-5　晚清粉红色梅花纹罗马面裙

图4-6　晚清墨青缎海水江崖牡丹花纹绣马面裙

图 4-7　绿提花绸缎大袖圆摆女袄

图 4-8　玫瑰紫暗花缎镶瓔珞云肩女袄

图 4-9　宝蓝色织锦缎大袖圆摆女短袄

图 4-10　红色缎饰如意领堆绫绣蝶恋花纹童坎肩

图 4-11　双色缎盘银绣并蒂莲福禄寿纹元宝形荷包

图 4-12　双色缎盘银绣瓜瓞福禄寿纹元宝形荷包

云肩在清代初年多用于女性行礼和新婚时，至光绪末年时，更多被江南女子用来防止衣服被垂肩低髻油污（图 4-13 ~ 图 4-15）。

图 4-13　三层盘长吉祥纹绣如意云肩

图 4-14　四合瓜瓞如意云头绣云肩

图 4-15　带吊坠三层如意头牡丹纹绣大云肩

图 4-16　清朝末年女子传统服装形象

清末女装的镶滚彩绣手法日趋烦琐，分为镂花、补花、缝带、绣绘、镶珠玉等，当早期的三镶五滚发展到后来的十八镶滚时，几乎完全覆盖了衣服原本的面料，失去了装饰的本来意义（图 4-16）。

（2）清末女子时装。随着社会审美价值观日趋多元化，清末妇女的着装具有变化快、混乱和反传统的特点，因此当时的社会舆论对这类情况的态度大多是批判和讽刺的，尽管面临着社会舆论的重重压力，但清末女子服装的流行趋势还是比以往要快得多。随着西方服饰风格的不断传播渗透，对中国各族女子（尤其是城市女子）的服饰观念产生了巨大的影响，这时诞生了许多新的时尚女装。洋人与国人创立的各类早期画报，如《点石斋画报》（图 4-17）、《飞影阁画报》（图 4-18）、《时事插图》等，也加速了流行服装的传播。

图 4-17 《点石斋画报》封面及内页

图 4-18 《飞影阁画报》内页

慈禧在人们印象中是晚清最反对变革的顽固派代表，在个人生活中她却对舶来品表现出强烈爱好，这时，洋服、西裙、怀表、眼镜、纽扣、发卡以及手摇缝纫机等成为皇家贵族追逐的时髦物品（图 4-19 ~ 图 4-22）。

图 4-19　穿典型满装的慈禧

与贵族追逐时尚的行为相对应，清末民间女子在封建礼教松动、新鲜事物不断出现的大背景下，也开始用自己的方式赶时髦。当时民间流传的“什不闲”“莲花落”等曲词，都极为生动鲜活地描写了当时女子的时尚打扮，如女子“头戴一顶倭缎镶边纺丝里儿的草帽，身穿一件牡丹暗纹的鸭蛋青色细洋绸的长袍，内衬花洋绉葱心绿的套裤”的描写。光绪、宣统之交（1908 年左右），女子的冬装喜欢用宝蓝色的洋绉作为外装，里边穿深红浅绿的小袄，把袖口挽在外边，与皮袍袖口银白色的锋毛相衬。一些赴寺庙法会的满族女子则喜欢披一件绛色洋呢大衣，将金壳怀表故意露在外边，以显示自己的时髦与财力。

图 4-20　银镀金镶珠翠叶形发卡

图 4-21　画珐琅镶玻璃钻花怀表

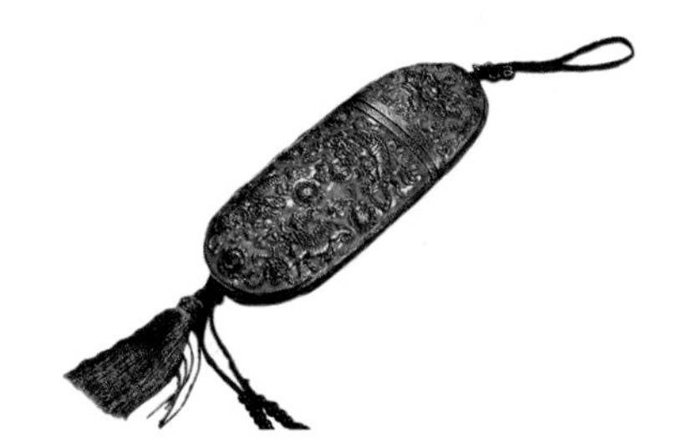
图 4-22　清代末年眼镜盒

（3）西装。西装革履加礼帽是民间西式服装的典型代表，由于西服裁剪合体，面料挺括使着装者显得仪态不凡，内外口袋便于携带物品，相比之下，宽大的连袖中式服装尽管也比较舒适，但毕竟不如西装挺括，而且没有口袋，男子必须将物品挂在腰间，但妨碍做动作。因此，归国留学生、华侨、外国商人、公使等在清末时期掀起了西装革履的风气，这对等级制度森严的清朝男子服制造成了颇具历史意义的冲击（图 4-23、图 4-24）。

（4）学生装、新式学堂装。清末与西装并称“洋装”的还有来源于日本的学生装，服装改革将西式服装的设计与剪裁引入学生服制作中，使学生服具有西服合体挺括的特征，学生穿着后，可以体现出健康向上的个人精神风貌与整齐划一的群体服装形象。众多留学生将日本学生装带回中国后，引领了一部分公务员、教师模仿，这是晚清民众服装变化的一个缩影，也代表了中国服饰变革的一种预兆。

图 4-23　清朝末代皇帝溥仪穿西装与庄士敦合影

图 4-24　清末男子服装

清末政府培养年轻学子有两种方式，一种是选派部分以“留美幼童”为代表的学生直接去国外留学，另一种是在国内采用西式的教育方法，开办新式学堂。身着西服的归国留学生无疑对国内新式学堂的学生易服起到了巨大的推动作用，同为血气方刚受过新式教育的年轻人，西服在新式学堂的学生中也迅速流行。1907 年清政府依照张之洞呈奏的冠服式样，颁布了学堂冠服程式，除此外，清政府还要求学生在学堂外的常服只许戴便帽和穿长衫，不得穿短衣，违背制律者从严治罪（图 4-25 ~ 图 4-27）。

图 4-25　1872 年首批留美幼童

图 4-26　清朝末年女子学堂服装

图 4-27　清朝末年公立女学堂学生合影

（5）太平军服装。清末时期民众服装的西化趋势总体上十分缓慢，而历时十余年的太平天国则开展了相对彻底的服装变革运动。作为一场影响深远的农民起义，太平天国运动不仅沉重地打击了清政府的统治，颁布了具有进步性的《天朝田亩制度》，而且发展出了自己独特的服装色

图 4-28　太平军形象

彩和样式，成为中国最早的一支拥有自己服装制度的农民起义武装力量（图 4-28）。

出于提升内部凝聚力、展现自身政治纲领和宗教信仰等目的，太平天国领导者和军民设计了自己的统一服装，定都天京（今南京）后设立了专门制作衣冠的机构——绣锦营和典衣衙。太平天国军民极度厌恶清代服装，认为是满族统治者强加给汉人的奴隶标记，因而在起义前期便将清朝官服抛弃，并勒令军民一概不许穿有纱帽雉翎、马蹄袖等的清朝服装。

（6）军警服装。从第一次鸦片战争到辛亥革命的几十年间，连绵的内外战争催生了名目众多、服装各异的中国军队，与民众服装的变化相比，清末中国军服的变化更能清晰地体现出中国服装的西化倾向。

① 湘、淮陆军军服。初期湘军和淮军的军服与传统的绿营军相比并无多大变化，士兵的军帽有头巾、草帽、斗笠等多种，身着松松垮垮的号衣和布袋式的中长宽口裤，脚穿凉鞋或草鞋，身上背着子弹袋和杂物袋，间或还有一把油布伞或扇子。这样的军服到了战场有许多缺点，例如肥大的号衣不合体、裤腿没有扎紧有碍行动、军服前后正中醒目的圆圈“勇”字标识容易被敌人瞄准等（图 4-29）。

② 北洋水师军服。《北洋水师号衣图说》中详细划分了军官（图 4-30）、士官、海军陆战队、水兵杂役的军服，并分为春秋冬军服和夏季军服，仍以中国传统水师官服和号衣为基础。军官的军服以帽顶珠子的颜色、袖口内部的云头纹图案来辨明级别，云头纹内的“寿”字越多，代表级别越高，军衔制度最高的是舰队司令，共有九个“寿”字，这种区分等级的制度类似于冕服上的十二章纹。

图 4-29　湘军士兵形象

图 4-30　北洋水师将领丁汝昌

普通水兵春秋冬三季头裹黑色头巾，到了炎热的夏季，则换成便于遮阳的草帽，服装颜色分为春秋冬用海蓝色，夏季用白色。为了便于观、瞄等，水兵普遍把正面的帽檐向上卷起，袖口没有云头纹，用料主要为棉布，腰间扎着宽布带，用臂章表明所属部门。臂章符号的设计主要采取了象形的办法，比如管灯、管旗、生火、木匠、号手等岗位分别用煤气灯、旗子、煤铲、斧子和军号代表，形象生动（图 4-31）。

图 4-31 “致远”舰官兵的合影

③ 清末新建陆军军服。新建陆军军服的规范化始于 1898 年，《新建陆军兵略存录》记录了陆军军服朝着规范化、制度化发展的趋势，主要表现在军容、军衔、标记三个方面。首先是军容，陆军军服的颜色、样式、尺寸不许参差；军衔制度统一为上、中、下三等，每等又分为一、二、三级，各个级别都需要在军服上的袖章、领章、肩章、裤章等处标记相应数目的金边横道，但高级军官在一些活动中仍要穿朝服、戴官帽，保留了中西合璧的特点。

新建陆军士兵的装束也向近代化迈进了一大步，不论是青呢军帽、灰呢军帽、肩牌、肩章，还是武装带、子弹盒、帆布裹腿等装束，都与当时世界上的军事强国逐渐接近。作为一支有整体性的武装力量，清末新建陆军的存续时间是短暂的，但在其后几十年中，在中国国内几乎任何一支军队从战术到军服都可以看出它的影子。青呢大枪帽、青灰军装裹腿布鞋，是停留在人们印象中的 20 世纪前 30 年中国军队的标准士兵装束。

④ 清末新建海军军服。新式海军军服和陆军军服一样体现出了鲜明而绝对的西化特征，分为大礼服、礼服、常服等多套。大礼服形似燕尾服，双排扣袖口有表示级别的宽道金线还有金线锁边的肩章，帽子为三角帽。水兵普遍内穿海魂衫，外套西式海军服，只是上衣不扎在裤腰里，有的水兵打裹腿、穿布鞋，也有的穿西式皮鞋，军帽普遍采用无檐帽，帽墙上写有“大清某某军舰”，帽子后面有两根黑色飘带。

⑤ 清末警察服装。20 世纪初清政府设立巡警部，为了解决各省纷纷建立警察部门后警服无确定形制的弊端，光绪皇帝颁布诏书对警服制度章程进行统一，这就产生了清末最具代表意义的警服和警衔制度（图 4-32）。新警服采取了与新建陆军军服类似的形制，大帽上仅有一种龙形帽徽，警服分为礼服、夏季常服、冬季常服三种，都设有标明等级的领章和袖章，礼服上还有标明等级的肩章，两种常服则不设。此外，警官和长警等还有长外套，夏季为黄色，冬季为深灰色。清末的警察服装具有开创性的意义，奠定了此后几十年中国警服形制的基础。

图 4-32　清末警察服装

二、民国初年服饰

1. 民国初年的社会文化背景

民国初年算起来只有几年时间，却是中国近代史上一个引人注目的时间段，1911 年的辛亥革命具有划时代的意义，而 1919 年的五四运动又被视作中国近代史的终结和现代史的发端。1916 年袁世凯逝世后不久，北洋军阀集团分裂为直、奉、皖三系，形成了军阀混战的局面。北洋政府统治时期积累的深层矛盾，随着丧权辱国的《二十一条》的签署而被激化到了极点，爱国学生走上街头，那些穿着长袍、学生装袄裙的青年，燃烧着一个民族不甘沉沦的火焰和奋斗不息的激情。

就内外形势来说，辛亥革命后至 1919 年是中国纺织业的一段黄金时期，由于辛亥革命成功推翻了清王朝的封建统治，在一定程度上解放了生产力；第一次世界大战的爆发使得欧洲各国自顾不暇，对中国的出口大幅减少，减轻了民营企业的压力；各地掀起的抵制日货运动，也为民族纺织工业的发展创造了条件。这个时期涌现出的一批锐意进取、重视科学技术的新型企业家，创立了大生纱厂（图 4-33）、恒源纱厂、北洋纱厂、永安纱厂等多家企业，大幅提高了国营企业的市场份额。服装经销业也不遑多让，金鸿翔、金仪翔两兄弟经营的鸿

图 4-33　大生纱厂远景图

翔服装店，顾客盈门，生意兴隆；以“荣昌祥”为代表的红帮裁缝店（图 4-34）是上海西装经销业的个中翘楚，不断发展壮大。但从 1919 年后，中国政局动荡，军阀混战；从第一次世界大战中恢复过来的欧洲列强又开始向中国市场倾销廉价纺织品，中国纺织行业又开始经历一段新的艰难时期。

图 4-34　荣昌祥洋服店

2. 民国初年的服装及风格

（1）西装。辛亥革命后，中国国门彻底打开，国外势力介入中国内政、外交和贸易，这个时期尚未形成完整的商业法律法规，市场几乎被洋货占领，民族企业在夹缝中艰难求生存。原先由西方人和留学归国人士带来的西装，成为新生阶级“买办”的身份象征。买办最早是指英国人在印度雇佣的当地管家，即在殖民地和半殖民地国家中，替外国资本家在本国市场上服务的中间人或经理人。穿西装的买办聚集在沿海的工商业城市，作为洋人和中国人之间的中介，日夜不停地买进卖出，在中间赚取巨额利润（图 4-35）。

（2）长袍马褂。长袍马褂是由长袍与马褂两部分组成的套装，北洋政府在民国元年曾颁布《服制案》，将长袍马褂列为男子常服。日常穿着的袍仍然用清代的“长衫”“大褂”等称呼，没有颜色限制，礼服中的袍则统一使用蓝色的有暗花织纹的面料，无彩色织绣纹样，马褂的形制为对襟、平袖，衣长至腰臀处，前襟有五枚盘扣。棉质长袍、缎面马褂、六合帽、黑鞋白袜、扎裤管等，成为民国时期男子，特别是中年男子和公务人员社会交际时的重要装束，其重要性不亚于后来由长袍、西裤、礼帽组合而成的男子套装（图 4-36 ~ 图 4-38）。

图 4-35　穿西装的买办

图 4-36　穿长袍马褂、戴瓜皮帽的男子

图 4-37　长袍马褂

图 4-38　暗花缎长袍

（3）礼服。1912 年 10 月开始实施的《服制条例》规定，男子礼服分为西式大礼服和中式常礼服，大礼服配有高平顶大礼帽和圆顶大礼帽；女子仅有一种礼服，但周身有刺绣装饰。《服制条例》最终确立的民国礼服采取了形制和材料双重折中的策略，分为中式和西式：中式礼服用丝缎等材料制作，蓝色袍、对襟褂；西式礼服用呢绒等材料制作，自大总统至平民所穿样式皆相同，人们可以自由选择穿着中式礼服或西式礼服（图 4-39）。

由于当时的西装主要采用进口的呢绒材料，若民国礼服采用西式，并用呢绒材料，那么以丝绸为主的中国民族纺织工业必然会进一步陷入困境，纺织品和服装业作为国民消费用品的主力，如果依赖进口也会导致货币大量外流。从晚清开始穿着丝绸的人就已逐渐减少，国产丝绸堆积如山，而呢绒的需求量逐渐攀升、价格飙升，若此种局势进一步恶化，会导致国内民族纺织业无法生存。于是《服制条例》以成文的形式规定了国产棉、丝、麻织品可以作为礼服面料，这极大提升了人们对国货的信心，也为以后的国货运动奠定了一个良好的基础（图 4-40）。

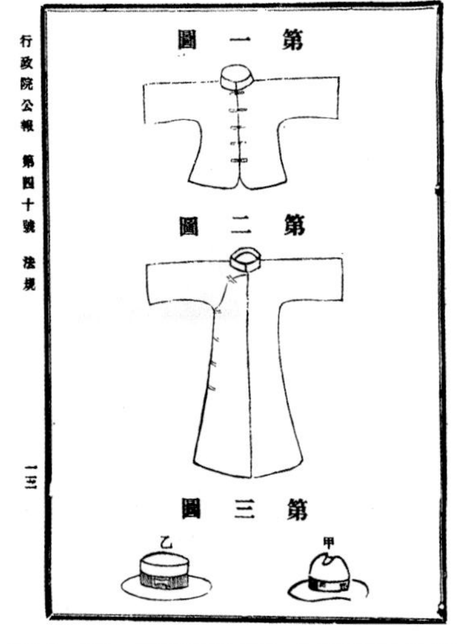

图 4-39 《服制条例》中的男子礼服

图 4-40　穿西装的卓别林与穿长袍马褂的梅兰芳合影

确立后的民国礼服广泛出现在各类大型礼仪活动中。1914 年总统府设礼官处，置大礼官长一名、大礼官若干名，他们平时就穿着大礼服办公、陪同大总统出席庆典和接待中外来宾，可见大礼服已成为国家公务人员的礼仪专用服饰。

（4）女学生装。1915 年 1 月 5 日的《妇女杂志》刊登了一幅上海爱国女学生的照片，她身着白色高立领短衣，下裙为黑色，裙长到鞋面，这是当时普遍的女学生装束，也是夏天非常流行的服装。

当时有些女学生的服装与装饰十分夸张，处处追求奢华，攀比之风盛行。服装的款式和面料不断翻新，配饰如别针、戒指、手镯等物更是要镶嵌金银、珠翠、钻石等昂贵珠宝，还有夸张的服装领子高达四寸以上。学生间的这种恶性竞争形成了风气，愈趋愈盛，引起了时人的不满与批评（图 4-41 ~ 图 4-44）。

图 4-41　1916 年培华女中校服（右一为林徽因）

图 4-42　民国初年新式高领女装

图 4-43　银鎏金兰花寿纹手镯

图 4-44　双龙纹银包

（5）民国初年女子时装。民国初年，中国人的服装相较于传统服装有了很大的改变，女子追求时装之风较清末力度更大、范围更广。尽管有些思想传统的学者、媒体大声疾呼甚至猛烈抨击，政府更是不时发布禁令，但女子追求时装的速度仍然突飞猛进（图 4-45 ~ 图 4-47）。

1912年的报纸中曾这样描述当时时髦的装扮：男子穿西装、大衣、皮鞋，拿手杖、花球和戴夹鼻眼镜；女子穿尖头高底的上等皮鞋，用紫貂手筒，戴镶嵌钻石的金扣针、白绒绳、皮围巾、丝巾、金丝边新式眼镜，使用弯形象牙梳等。这些记载说明洋装已经成为受年轻人欢迎的新的文化流行。

图4-45　民国三年（1914年）月份牌中的女子形象

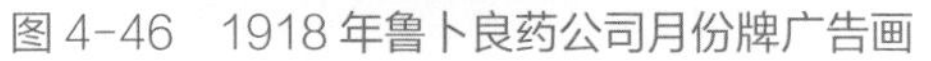

图4-46　1918年鲁卜良药公司月份牌广告画　　图4-47　民国时期高领袖夏季服饰

服装的流行式样有时会在不同阶层间循环流动，民国初年出现的“妓女效女学生，女学生效妓女”就是典型的例子。过去的时尚通常是一种由上层阶级发起，下层阶级模仿的社会现象。一方面，向往认同、尊敬与瞩目的下层女性出于对上层社会的想象，总是试图跟随上层女性快速发展的服装潮流，即使她们改穿低档衣料，减少或放弃奢侈的装饰，也愿意跟上所谓的时尚，这正是“贫学富”的由来。另一方面，当富足的上层女性达到自身服装华丽程度的顶峰时，为了进一步追求新奇，也会选择从下层女性服装中寻找新的着装方式或特定的服装饰物。由于职业需要，风尘女子往往会在服装的更新换代上下足功夫，由于不受正常人家的各种限制，在选择和设计服装时也显得更加大胆和随意，凸显外表的吸引力，这些因素受到一些上层女性的欣赏和利用，这也是“富学娼”的由来。当时有些妓女会穿学生的服装，打扮得完全不像妖艳非凡的妓女。民国初期，有一种叫“私窝子”的家庭妓院，接待的嫖客都是中上流的社会人士，这里有一类人专门模仿女学生的装束和举止，梳着新式发髻，穿皮鞋，戴眼镜，系长裙，手里拎着书包或腋下夹着书本出入风月场所。这种做法更增添了她们的魅力，却无端地伤害了女学生的名誉。

（6）北洋军服。从辛亥革命到 1919 年，以袁世凯为代表的北洋军阀将领多次有统一军服制度的意愿，但由于局势，北洋各部队军服始终存在材料质量、做工、颜色、款式等诸多不同。这种军服间差异颇大的趋势，随着袁世凯的去世和北洋军阀的分裂而更加恶化（图 4-48、图 4-49）。

图 4-48　北洋军阀创立人袁世凯所着军服

图 4-49　北洋军阀奉系首领张作霖所着军服

袁世凯担任中华民国临时大总统期间，在礼服制度中增加了大礼服制度。其中，大礼服帽由蓝色呢子制成，类似于直上直下的法国军帽，由红、蓝、白、黑、黄五色组成的五角星帽徽象征着民国初年的国旗，帽顶点缀白色羽毛或丝线式的帽缨，高约 15cm，戴上大礼服帽后能显得气派非凡。北洋军的肩章由金盘、金穗结合而成，佩戴时加宽了肩部轮廓，显得着装者更为威武，垂下的金穗也表现出威严庄重，腰带、衣袖等处精致繁复的装饰以及勋章的佩戴，令北洋军的大礼服样式蒙上了西式古典军服的色彩。

北洋军士兵的通用军帽为青呢大檐帽，上面也点缀五色帽徽，军服也使用同样的青呢衣料，领章上用阿拉伯数字和罗马数字分别写上所属团营编号，出于实战的考量和行动方便，北洋军的肩章逐渐由横向转为纵向（图 4-50）。

（7）剪辫。清朝末期，留辫的男子被世界耻笑为留着猪尾巴的“东亚病夫”，脑后的发辫制约行动，长时间蓄发也不卫生（图4-51）。武昌起义的成功在全国范围内产生了巨大的影响，奠定了辛亥革命的胜利基石，新政府成立后，大总统孙中山颁布《大总统令内务部晓示人民一律剪辫文》的政令："今者满廷已覆，民国成功，凡我同胞，允宜涤旧染之污，作新国之民……凡未去辫者，于令到之日，限二十日一律剪除净尽，有不遵者（以）违法论。"

图4-50　北洋军阅兵场景

在革命胜利的影响下，许多地方出现了自愿剪辫者，而由于百年间满族统治的同化和"身体发肤，受之父母，不敢毁伤，孝之始也"的旧思想熏陶，不愿剪辫且伸张旧俗者也不在少数。迫于剪辫政令又不愿剃短发的男子将发型剪成了"马子盖"，头发半长，垂于脑后，前方保留髡发遗痕。"马子盖"在民国初期属于流行发饰，一些封建思想浓厚的富户老者一直延续着这种发型，到了民国末期，一些偏远之地的地主仍保留着这种发型（图4-52）。

图4-51　晚清男子发辫

图4-52　刚剪完发辫的"马子盖"头型

（8）放足。缠足之风唐代就已出现，宋代盛行之时裹其宽度而不局限脚的长度，到了元代继续往纤小的方向发展，后期愈演愈烈，畸形扭曲为"三寸金莲"的审美，这种风气在当时看来也许是美的，但在现代则被认定为摧残妇女的陋习（图4-53）。缠足需折筋断骨，严重影响了女性足部的正常发育；脚小又影响行走，即便持杖扶婢，也走不了多远就会气喘吁吁；女子无端遭受痛苦和折磨，深困闺阁依附男子，放弃了自己的独立性；女子无法参与体育活动和生产劳动，也加剧了社会的贫困状况。

尽管自晚清起众多有识之士就在各种场合尽陈裹脚之弊，政府也不断颁发政令提倡保持天足，但终究没有贯彻执行（图4-54、图4-55）。辛亥革命后，民国政府在省政府民政厅和县政府都设有专职人员，监督民间废止裹脚的进展，其成效都被作为政绩公布，终于使禁止裹脚的命令在大多数时候得到了执行。一时之间，有文化的家庭，女性以不缠足为文明的象征，小姑娘一双天足进出学堂，还有一部分缠足的妇女半途放弃裹脚，虽然脚得到了解放，但脚骨已经变形难以恢复自然形状，形似地瓜，这样的脚被戏称为“白薯脚”，也称“解放脚”。当然也有一些偏远地区以“脚小”为婚嫁标准，因此到了20世纪30年代大部分汉族妇女仍在缠足。

图4-53　清末缠足女子

图4-54　晚清黑缎三蓝绣花卉小脚鞋

图4-55　晚清黑地彩绣绣鞋

3. 民国初年的配饰

（1）帽子。民国时期，官员和绅士们戴着毡帽、绒帽、大甲藤帽或草帽（图4-56），普通人偶尔戴帽（图4-57），从事某些职业的人戴着与其职业制服相称的帽子。冬天，老年人、户

图4-56　用于礼仪场合的礼帽（正中为胡适先生）

图4-57　普通人的帽子

外工作的农夫或贩夫走卒经常戴“猴帽”。猴帽由纱线织成，戴上时可以将帽子上端绑紧卷起，平时只盖住头顶，天冷时放下，遮住整个头部，只留出两个眼睛的孔洞。

（2）眼镜。伴随着西装革履的潮流，新的配饰开始出现。这时眼镜很快流行起来，圆形镜片固定在无框的金属架上，时人称之为金丝眼镜（图 4-58），在民国初期是男子最流行的服装配饰。在大城市，洋行高级职员戴金丝边眼镜来表明他的身份；在小城镇，一些有学问的平民戴金丝眼镜来证明自己的时髦；甚至一些眼睛不近视的人也要戴副金丝眼镜，紧跟时尚潮流。

（3）长围巾。在民国时期，知识最渊博的人是大学学生、大学老师和中学教师，他们的穿着和普通市民很相似，但他们习惯在长衫上系一条长围巾，到了民国后期，这种装扮渐渐成为读书人和知识分子的标志性装束。在当时，男士也广泛使用女性专用手巾，放在西装口袋里显得十分绅士。

（4）手杖。民国初年，留学归来或所谓文明人士的虚荣世界靠着手杖、眼镜和怀表来装点，甚至有些阔家小姐也忍不住穿着男装追赶时髦。在 20 世纪上半叶，好莱坞电影及西方绘画的影响逐渐扩大，步行手杖开始流行起来（图 4-59）。

图 4-58　戴眼镜的徐志摩

图 4-59　男子手杖

第二节　西方近代服饰

新古典主义时期可分为前后两个时期。前期（1789 ~ 1804 年）整个法国社会陷于动荡混乱的局面，人们开始向往简化、简单和无阶级差别的服饰，过去夸张的裙装风格、色彩斑斓的人造花果、各式化妆品、奢侈华丽的社会风气都被摒弃。随着王室的灭亡，各种上层社交活动戛然而止，专为上流人士出版的时装杂志也已停办，经历了法国大革命和恐怖时期之后，以古希腊服饰为典范的、古朴自然的服饰形态受到人们的追捧。后期（1804 ~ 1825 年）为拿破仑第一帝政时期和王政复辟初期。拿破仑（图 4-60）于 1804 年称帝，为快速恢复国力，他大力扶持工商业发展，采取鼓励式消费手段来推动国家经济的发展，大兴土木、建造宫殿，复兴丝绸、天鹅绒及蕾丝等造价昂贵的纺织工业，积极支持香水行业的发展，奖励对工艺美术行业发展有贡献的建设者。在服装上追求贵族的华美趣味，禁止上层女性在同一场合穿着重复的服装，此种规定也直接促进了法国纺织服装业的发展。1814 年反法联军攻入巴黎，路易十八在反法联军的保护下夺回王位，拿破仑帝政时代结束，波旁王朝复辟。第一帝政统治虽然从此结束，但帝政时期服装样式所带来的影响往后延续了一段时间，服饰史上将这段时期称为“帝政样式时期”。

图 4-60　拿破仑

一、新古典主义时期服饰

1. 新古典主义时期的社会文化背景

新古典主义是欧洲艺术领域兴起的一股新思潮和新风格，它起源于法国，是在意大利赫库兰尼姆、庞贝、希腊和小亚细亚等地区古代遗址的发掘（图 4-61）以及德国的温克尔曼等人的古希腊艺术史观的基础上形成的。洛可可文化那优雅而脆弱的服饰风格，开始发展为古朴而高贵、沉稳而伟大的古典文化风格。同时，在 1789 年法国大革命前夕，新兴资产阶级为了取得革命的胜利，利用和美化古希腊、古罗马的英雄形象，号召组织群众追求真理、勇于为进行资产阶级革命献身。所以，这时的艺术创作不是简单的对古希腊、古罗马艺术的重现，而是以重振古希腊、古罗马的艺术为信仰，借用古代艺术形式和古代英雄主义题材，大肆宣扬资产阶级革命舆论，与 17 世纪法国的古典主义有着根本区别。

图 4-61　赫库兰尼姆古城遗址

新古典主义与古希腊、古罗马的古典主义相对应，它反对巴洛克和洛可可风格的过度装饰，追求古典的纯真与自然，为其注入考古式的精确形式，创造出一种理性思考和高雅古朴相结合的美。此时在建筑和绘画方面产生了不少经典的艺术作品，如巴黎的凯旋门（图 4-62）、马德兰教堂，法国画家大卫的《马拉之死》（图 4-63）、安格尔的《泉》等，都代表了新古典主义的成果。在着装方面，旧的封建贵族登峰造极的奢华风气和贵族特权被推翻，精美繁复的人工装饰被摈弃，健康简单、纯粹自然的古希腊时尚盛行，妇女穿着类似古希腊希顿的宽松长裙，头发染成古罗马皇妃那样的红色。在当时，服装的色和形成为区分赞成革命的市民派和反对革命的王党派的标志，在这个特殊时期穿着贵族服饰招摇过市，必然成为民众攻击的目标。

图 4-62　凯旋门设计图纸

图 4-63 《马拉之死》

2. 新古典主义时期的主要服饰

新古典主义时期的服饰整体表现为男装、女装都比较清新简约、轻盈典雅、朴实无华，主要表现了对过去洛可可服饰风格的批判。法国大革命的风暴一夜之间席卷了整个路易王朝，彻底洗清自文艺复兴以来贵族间奢华铺张的生活方式和穿衣习俗，抛弃了过于精致细腻和烦琐挑剔的人工装饰，革除了紧身胸衣、裙撑、夸张的高髻、高跟鞋、美人痣、蕾丝缎带等过于矫揉造作的打扮，将女子从拘谨的服饰桎梏中解放出来。新古典主义时期的服饰以古希腊、古罗马时期的服饰为典范，追求古典的、自然的人类纯粹形态。

新古典主义时期的女装以素色连衣裙为主，其最大的特点是将腰节线提升到胸部以下，裙长延伸至脚踝以下，以至于女子步行时不得不提着裙子，姿态优雅，袖子以短小泡泡袖为主，宽松飘逸的体形展现了这一时期女性的主要特征。

在拿破仑时代，女装主要为方形领口，开得又大又低，裙子采用双层重叠的方式制作，内外裙子的面料材质和色彩皆不同，外裙有长、短两种长度，裙子前身与裙摆处都露出内裙。重叠的裙子，不仅弥补了服装色彩的单调，还增加了变化的层次，展现了帝政时期女装的典型特色。对于外出和居家服装，女性倾向于选择造型多样的长袖和颜色、款式多样的披肩作为装饰，以补充单调的服装造型。这一时期的男装款式基本定型为以西式三件套为基础的款式，以整齐挺拔、不显眼为高雅，长裤替代了马裤与裙裤，短袜替代了长筒裤袜。

（1）卡尔玛尼奥尔（短上衣）。卡尔玛尼奥尔起源于法国皮埃蒙特区的卡马尼奥拉城镇，原本是意大利工人所穿的一种夹克衫。法国大革命期间，上层贵族装饰过剩、刺绣繁复的装束已不再流行，平民阶层的实用服装开始流行起来，其中最具标志性的服装就是卡尔玛尼奥尔。革命者把它带到巴黎后，迅速流行于当时的革命者和市民群体间，这种夹克式上衣有口袋、宽驳头，以金属或者骨制的扣子作为装饰（图 4-64、图 4-65）。

图 4-64　1790 年的卡尔玛尼奥尔

图 4-65　便宜的羊毛和大麻混合的卡尔玛尼奥尔

（2）庞塔龙（长裤）。庞塔龙是 17 世纪意大利喜剧演员庞塔莱奥奈最初在舞台上穿着的一种长裤，由于他穿着时裤腿肥大、腰臀部过于宽松也被称为“丑角裤”。当时革命者们将它对立于贵族所穿的长及膝的克尤罗特半截裤，所以它也被称为“桑・克尤罗特”，意思是不穿克尤罗特。起初，它的裤腿长度只到长靴位置，后来逐渐变长到一般浅口皮鞋的位置，通常用象征法国革命的红、白、蓝三色条纹毛织物制作。一直到 19 世纪前半叶，庞塔龙的裤腿还经常变化，时而宽松、时而紧身，直到 19 世纪 50 年代以后，现代造型样式才真正形成（图 4-66）。

（3）卡里克（男式披风大衣）。卡里克是帝政时期的一种男式长大衣，这种大衣在肩膀上有好几层披风，衣长通常到脚踝。它最早起源于英国，因男人们习惯在敞篷马车里穿卡里克而得名（图 4-67）。

（4）夫拉克（男式大衣）。夫拉克是一种外穿大衣，最早可以追溯到 18 世纪下半叶，经过几十年的发展，主要出现了两种基本样式。一种是在前腰部分水平向两侧裁剪，后身部分呈燕尾形状的燕尾服。这种样式流行于 18 世纪 90 年代，大翻领，有单排扣和双排扣之分，领子向上翻起后扣子可以一直扣到脖子上，也可以把翻领打开，穿时只扣两粒扣子或不扣扣子，敞开衣襟露出里面的贝斯特。18 世纪 90 年代中期流行长及脚踝的长尾式夫拉克，到 19 世纪逐渐缩短到膝部，衣身后片有箱形普利兹褶和开衩，开衩顶部有两颗装饰扣。

图 4-66　庞塔龙（长裤）

图 4-67　卡里克

另一种是前襟至下摆呈圆弧形、衣长及膝的大衣，最初是骑马时穿的，为了方便骑马，前止口自腰节开始斜向后裁剪。这种骑马服到 19 世纪时被市民穿用，后来被提升到宫廷中穿用，面料的使用也更加精细，它曾出现于拿破仑和英国国王乔治三世的宫廷中，也是现在晨礼服的前身（图 4-68、图 4-69）。

图 4-68　身着夫拉克的绅士肖像画

图 4-69　两种形式的夫拉克

（5）基莱（西式背心）。基莱是现代西式背心的前身，前部由华丽昂贵的面料制成，而通常看不见的后片则由普通廉价的面料或里衬制成。基莱主要是为了在色彩平淡的夫拉克和单色的庞塔龙间增加一些色彩，领子和驳头的造型与以前相比变化不大。

（6）修米兹·多莱斯（高腰连衣裙）。修米兹·多莱斯又名罗布·修米兹，是一种经典的新古典主义时期连衣裙，由白色细棉布制成，领口呈现方形或鸡心形，有褶边。这种款式的特点是腰线在胸部以下，用拉绳或腰带控制松紧，胸部内侧做了护胸层，泡泡袖很短，通常裸露手臂。裙身轻薄，下摆修长，优雅的垂褶从高腰身处一直垂到地板。这种风格首先在英国形成，然后传入法国，法国妇女在大革命的影响下迅速接受了新的潮流。在新古典主义思潮的推动下，女性重新认识了自己的身体美，抛弃紧身胸衣、笨重的裙撑和臀垫，放弃了胸部和臀部形状的曲线展示，甚至连内衣也不穿了，裙子面料薄得可以透过衣料看到整个腿部，服饰史上也称这一时期为“薄衣时代”（图 4-70、图 4-71）。

（a）女子肖像画

（b）实图

图 4-70　修米兹 · 多莱斯及实物图

图 4-71 《朱丽叶 · 雷卡米耶》 卢浮宫

（7）斯潘塞（女式短外套）。过于轻薄的服装面料使许多女子受凉，为了御寒，短外套开始流行。斯潘塞是流行于新古典主义前期的一种女子短夹克（图 4-72、图 4-73），其造型类似于西班牙斗牛士穿的男服短外套，长度刚到胸部以下，袖子很长，因最初的穿用者是英国的斯潘塞伯爵而得名。新古典主义后期又出现了一种名为康兹的外套，比斯潘塞长，是斯潘塞的变体。康兹是一种披肩式无袖夹克，圆形翻折领上装饰着细褶或蕾丝花边，通常由上等天鹅绒、开司米、麻织物或细棉布制作而成。

图 4-72 不同样式的斯潘塞外套

图 4-73 冬季长裙与配套斯潘塞

（8）普里斯（外套）。普里斯是新古典主义时期的另一款外套，最初是一件里面装有棉絮或毛皮里子的防寒服。到第一帝政末期，随着裙摆的增加，普里斯前开门的门襟上有一排紧密的扣子，材料一般使用素色的开司米、薄纱、带闪光可以变色的丝绸、天鹅绒、缎子、有图案的织物、细棉布、棉织物和毛织物。冬日里的普里斯有一些固定搭配，例如黑丝绒的面料搭配粉红色丝绒里料（图 4-74）。

图 4-74 不同款式与颜色的普里斯外套

（9）帝政样式女装。帝政样式的女装是前期新古典主义风格的延续和发展，仍然强调高腰身、突出胸部，裙子纤细，一般使用短的泡泡袖、方形领口，领口开得很低、很宽来展示女子胸部的迷人，裙边不再拖曳，下摆也随着飞边褶皱和蕾丝边饰逐渐加宽。到了帝政后期，出现了各种各样的长短袖子，其中最典型的是一种叫作玛姆留克的长袖，松散的长袖被薄缎带扎成许多泡泡状的隆起（图4-75）。短的泡泡袖主要用于礼仪服装和宫廷宴会服装，而长袖主要用于外出服装和家庭便装。此外，在当时出现了裙子重叠两种颜色的新的穿衣时尚，一般是朴素高雅的连衣裙结合颜色、材质不同的罩裙，有两种长度，长罩裙的前身打开以显示里面的连衣裙，短罩裙到膝盖长度，可以显示下摆的连衣裙。

图4-75 玛姆留克袖子

3. 新古典主义时期配饰

（1）棒耐特（女帽）。棒耐特是一款经典的新古典主义时期女子帽饰，由麦秆或布料制成，饰以人造的花或缎带，戴时用缎带系在下巴上固定，由于外形可爱，这种帽子一直流行到19世纪中期。这一时期的帽子制作得更加小巧，因为贵族女性的发型被古希腊式发型主导，取代了从前繁复和挑剔的洛可可风格发式（图4-76、图4-77）。与此同时还受到埃及文化的影响，人们偏爱用锦缎、带条纹的薄纱和天鹅绒制成的带有羽毛装饰的豪华头巾。

图4-76 棒耐特

图4-77 有羽毛装饰的棒耐特

（2）肖尔（披肩）。肖尔是一种用于防寒的披肩。法国中部的蒂勒市生产披肩的常用材料——经编绢网织成的六角网眼纱，因此最初的披肩被命名为蒂勒，颜色鲜艳，通常装饰刺绣花纹，有四角细边和横贯披肩的长饰边，样式有宽有窄，披裹方法也各有不同。至今，蒂勒装饰仍应用于婚纱、芭蕾舞服、宴会服以及女性帽子。

自 1798 年以来，用印度棉布、印度开司米和印度克什米尔山羊的羊绒制成的精纺长披肩相继出现在人们的视野中并迅速流行，用开司米、薄毛织物、白色丝绸或薄薄的织金锦制成的肖尔也开始流行。肖尔的流行一方面与当时新古典主义的时尚审美有关，随手披上类似古希腊和古罗马雕塑衣褶的垂式披肩，加强了古典主义美感；另一方面，它在保暖的同时代表了人们对东方的幻想。帝政样式时期的女性喜欢这种昂贵的披肩，相传约瑟芬皇后就有三四百件、每件价值 15000 ~ 20000 法郎的高级肖尔（图 4-78）。

图 4-78　不同颜色的肖尔

（3）低跟鞋。古希腊时期的风格代替了洛可可时期的贵族爱好，低跟鞋取代了路易时期的高跟鞋，通常有两种主要风格：在脚上和腿上系带的皮带式凉鞋“桑达尔”和低跟不系带的“庞普斯”。在 18 世纪初的欧洲，庞普斯最初是一些佣人穿的非常朴素的平底鞋，后来变成女性参加社交舞会最流行的鞋子，一般用山羊皮和布料制成，低跟、无带（图 4-79、图 4-80）。

图 4-79　曼彻斯特博物馆藏低跟鞋

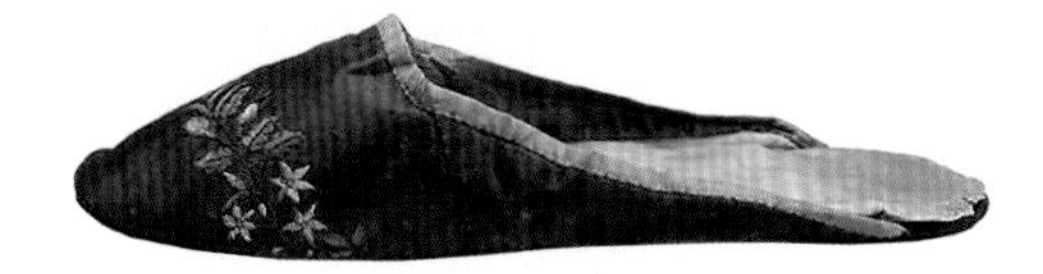

图 4-80　低跟鞋

（4）手提包。在新古典主义时期，由于裙子面料太单薄，内侧没有设计口袋，所以女性开始流行拎小手提包，用来存放常用的化妆品用具。这些手提包由精美的绣花面料制成，装饰有金属卡扣和流苏，可以挂于腰间或者拿在手上，这也形成了这个时期独特的着装现象（图 4-81）。

（5）长手套。新古典主义时期的女子裙装通常为短袖造型，裸露着胳膊，为了保护皮肤不受阳光的直接照射和防寒的需要，女子开始戴长度在肘部以上的长手套。长手套通常选用较轻、较软的材料制成，后来，除了实用功能外，长手套更像是完成服装整体造型的一种装饰（图 4-82、图 4-83）。

图 4-81　女士刺绣手提包

图 4-82　真皮手套

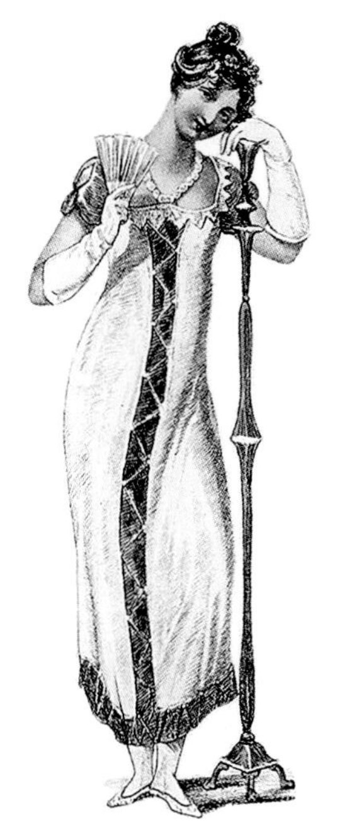

图 4-83　不同女子着装与长手套装饰

（6）首饰。新古典主义时期女子的首饰主要有戒指、耳环、手镯、项链、镶嵌宝石的发夹和帽徽等，首饰工艺中，浮雕宝石非常盛行，人造“花”的制作工艺也达到了相当高的水平（图4-84）。女性喜欢将彩珠项链和金项链绕六七圈再戴在脖子上，男人的服装配饰一般包括佩剑、手杖和马鞭，是必备的物品。这个时期简约的服装款型促进了领巾与领带的发展，此外，很多男人和女人也喜欢佩戴绣有自己名字的手帕（图4-85）。

图4-84　戴珍珠发卡与耳环的女子

图4-85　携带手帕的女子

二、浪漫主义时期服饰

服饰史上把1825～1850年这一历史阶段称作浪漫主义时期。浪漫主义以反映现实为基础，善于表达对理想世界的热切追求，经常用慷慨激昂的语言、华丽的想象、夸张的手法塑造形象。浪漫主义在政治上反对封建制度，在文艺上反对古典主义，反映了资产阶级崛起时期的意识形态，具有一定的进步意义。与此同时，随着欧洲工业革命的蓬勃发展，资本家和企业家的地位不断提高，城市居民的设备更新换代，新兴中产阶级成为消费的主力。此外，1796年德国的阿罗斯·塞尼菲尔德发明了平版印刷术，使彩色印刷成为可能，这为出版和发行时装样本奠定了基础，时装杂志的出现为大众消费提供了服装款式的选择和指导，对时装的发展和流行起到了重要的作用，结束了过去时尚主要来自宫廷的单一方式。

1. 浪漫主义时期的社会文化背景

1830年的七月革命动摇了封建阶级的统治，使法国摆脱了世袭贵族的压迫，却又被迫陷入以“钱袋子国王”路易·菲利浦为代表的上层工商业资产阶级的统治。1848年2月，旨在推翻金融贵族统治，实现民主共和目的的法国二月革命爆发，巴黎人民推翻了七月王朝，最终却被资产阶级窃取了革命果实，建立了法兰西第二共和国。1848年的六月起义也以失败告终，法国于

1852 年进入拿破仑三世的第二帝政时代。

在这个政局动荡的历史时期，资产阶级浪漫主义幻想着资本主义的无限发展，与企图复辟贵族时代的反动浪漫主义交织在一起，形成了独特的时代思想潮流，具体体现在文学、艺术和服饰上。浪漫主义反对新古典主义的规则，逃避现实，向往浪漫，用主观情感追求幻想，突出的是服装造型与人们的言谈举止相结合，一颦一笑、一举一动都强调修养与风度。特别是女性，为了强调女性特征和教养，社交界的女士们往往怀里揣着药，手里拿着手帕轻轻擦去眼泪或轻轻捂住嘴唇，做出仿佛久病未愈很容易受到伤害的娇柔姿态，创造出一种充满幻想色彩的优雅氛围（图 4-86）。男装也因此受到影响，式样发生了明显的改变。为了追求苗条的腰身，男士也开始穿紧身胸衣，加入膨大的袖子，垫肩使肩部看起来更宽阔挺拔，三件套的西装逐渐向更苗条的风格转变。

图 4-86　浪漫主义时期女性服饰的不同表现

2. 浪漫主义时期的主要服饰

服饰上表现出独特韵味、柔美而不奢华、夸张而不怪异、大胆而不扭捏的风格，是浪漫主义时期服饰的主要特征。浪漫主义时期女装的腰线逐渐恢复到自然位置，重新引用紧身胸衣和裙撑，使用多层衬裙将裙摆向外延伸，前身开口露出内层衬裙，同时袖子根部极度膨大夸张，显得腰线更加修长。宽肩、细腰及膨大的裙摆，令女装整体看起来极具 X 形。为突出女性特征，服装的装饰集中在身体的三围，整个上半身被缝制得非常合身。衣服一般在背部开口系合，如果是前身开襟，就使用挂钩扣合。在这个时期，人们还使用各种夸张造型的袖子来装饰肩膀，出现有衬垫物的袖子、灯笼形状的短袖和蓬松肥大的长袖。此外，上部袖子肥大、下部紧瘦的“羊腿袖”造型再次亮相，在袖子上大量采用羊腿造型，是这一时期服装的一大特色。在强调曲线造型的同时，女装的领口、袖口、下摆等边缘处采用各种花边和褶裥进行装饰。

这一时期，男装受女装造型影响，开始追求曲线美，在服装历史上男子第一次穿束腰，用紧身胸衣来调整自己的体形。男装的基本构成依旧是三件套的搭配，肩部耸起，整个造型神气十足，这个时期的男装造型更加简约实用，色调优雅，多采用黑色、茶色。该时期的服装早晚使用不同的礼服造型，不同的季节使用不同的面料制作，最具特色的服装装饰品是“克拉巴特”领巾，它是贵族绅士表现气质和品位的重要手段。男士们还流行穿着使用浅色针织物制作的紧身裤，为了不弄皱裤子，他们在脚底或鞋底上挂上襻带，创造出这个时代男子独特的裤子造型。

由于时装杂志的普及，人们的穿衣方式和价值观念发生了变化，不再以宫廷流行作为唯一的时尚标准。从 1830 年起，宫廷贵妇主导时尚的现象逐渐被近代剧舞台服装取代，当时流行的演员服装和时装杂志的出现在时尚方面发挥了重要作用。

（1）夫拉克（燕尾上衣）。这一时期的夫拉克是一种前短后长、有燕尾的上装，浪漫主义时期的男士上衣无论长短基本都流行收腰、耸肩的造型，神气十足。夫拉克的驳头翻折止于腰节处，前襟解开纽扣可露出里面的内衣，后面的燕尾长度有时到膝盖，有时缩短到膝盖上面一点，肩部加垫肩，袖山鼓起，加上收腰，使着装者上身呈倒三角形造型。为了使自己的身体适合这种细腰身的干练造型，男士们也开始使用紧身胸衣来塑形，形成这一时期独有的服装特色。

（2）庞塔龙（踩脚裤）。浪漫主义时期的庞塔龙由过去裤脚肥大变形为一种裤脚收紧的踩脚裤，其造型窄瘦，裁剪制作更为合体，多使用深色面料，但也有时髦男子穿着使用浅色面料或条纹织物制作的非常紧身的庞塔龙来体现男子的性感特征。为了使裤子不起皱褶，还在裤脚处装上细条襻带，挂在脚底或鞋底，类似现在的健美裤。

（3）科尔塞特（新型紧身胸衣）。科尔塞特是一种紧身胸衣，随着宫廷服装样式的复兴，这种新的紧身胸衣又悄悄回到了女性的身体上，用以展示她们的曲线美。工业革命带来了服装制作技术的进步，浪漫主义时期的紧身胸衣也因此得到发展，在功能性、合体舒适性和便捷性等方面都有了突破，紧身胸衣制造商也迫切地在时装杂志上做推销广告。这时的紧身胸衣与革命前那种嵌入许多鲸鱼须的胸衣不同，它是将数层斜纹棉布用很密的线缝合在一起，或用黏合在一起的硬麻布做成长及臀部的新型胸衣。这种新型紧身胸衣比传统的紧身胸衣更舒适，更贴合丰满的乳房和臀部，通过插入细长的三角形裆布将乳房向上抬起，收紧和拉平腰部和腰腹部，并用绳子将背部中间的开口绑紧以起到整形效果（图 4-87）。

（4）鲁丹郭特（女外套）。鲁丹郭特是浪漫主义时期女子旅行时穿着的一种外套，立领造型，腰身纤细，下摆廓形增大，常装饰有披肩式短斗篷，一般用天鹅绒制作，纽扣的材质为珍珠、铜或镀金金属，从领口到大衣下摆紧密排列了 20 多个扣子，色彩主要流行紫红色、蓝色、青铜色和浅黄色等（图 4-88）。

（5）曼特莱（斗篷式外套）。曼特莱是浪漫主义时期的一种斗篷式外套大衣，造型宽松肥大，从领子到臀部做成双层披风，覆盖整个袖子，披风门襟与下摆边缘处有精美的植物图案纹样装饰。这个时期的外套造型比较多，有上个时期延续下来的鲁丹郭特和斯潘塞，还有带头巾式具有阿拉伯风格的外套，但最受欢迎的还是曼特莱外套大衣（图 4-89）。

（a）正面　（b）侧面

图 4-87　科尔塞特紧身胸衣

图 4-88　鲁丹郭特外套

（a）女子肖像图　（b）实物图

图 4-89　曼特莱外套大衣

（6）宽袖根女装。浪漫主义时期的女装袖子膨大到历史极限，女子为了使自己的腰看上去显得更细，女装袖子不断向横宽方向扩展，大量使用鲸鱼须、金属丝等作为支撑或用羽毛等柔软织物作为填充物，使袖子根部极度夸张，与细腰形成强烈的对比。这个时期女装领子主要有高领和低领两种形态，高领的上衣一般多采用羊腿袖造型，低领的服饰多采用泡泡袖造型，有的袖子上还装饰数层重叠蕾丝花边形成披肩式袖子（图 4-90）。

图 4-90　宽袖根女装的不同表现

（7）膨大多层裙。多层衬裙、膨大裙摆是浪漫主义时期女裙的主要特征。1830 年以后，裙子的体积越发增大，这段时期裙子下摆膨大不是采用过去传统的裙撑，而是使用多层衬裙实现裙子膨大的效果，衬裙数量通常为 4～6 层，极盛时期可达 30 层之多，使女装下半部越来越厚重，严重影响女性腰部的纤细效果（图 4-91）。后来，人们开始使用一种由麻和马尾交织编成的钟形衬裙，裙子表面的装饰也越来越多，裙子的长度再次达到地面。随着裙子的膨大化，文艺复兴时期和 17、18 世纪出现的罩裙在前身以 A 字形展开，露出里面异色衬裙的样式再次出现。

图 4-91　膨大多层裙

3. 浪漫主义时期的配饰

（1）克拉巴特（领带）。这一时期的克拉巴特比巴洛克时期的更接近现代领带造型，也是浪漫主义时期男士领带装饰中不可缺少的独特服饰品。在当时，领巾的系结方法有 30 多种，不同的方法展现了不同贵族绅士的个人品位和气质，其材质多为印度细棉布和东方丝绸，以黑白颜色为主。

（2）装饰品。浪漫主义时期的装饰品主要有文明杖、手帕、扇子和遮阳伞。手套仍然是女人必备的装饰物品，长短不一，主要根据衣服袖子的形状来搭配使用（图 4-92～图 4-94）。

（3）发型。浪漫主义时期男子的发型主要是短发，但在 1827 年，时髦的纨绔子弟圈子中出现了一种幻想性的长发装束“普多尔”，男子穿白色长裤，腰部装饰很多碎褶。夫拉克领子很高，腰身极细，里面搭配一件条纹衬衫，蓬乱的头发上斜戴着一顶大礼帽，装扮古怪。

（a）肖像图

（b）实物图

图 4-92　扇子

图 4-93　小手包

图 4-94　手套

浪漫主义时期女子的发型大多为中分、头发紧贴头皮，两边头发卷起，后来逐渐形成在头顶上绾发髻的发式，而且发髻越来越高，大约在 1830 年达到顶峰。人们用铁丝作为支撑，在上面装饰缎带、蕾丝、羽毛和人造花等材料，然后用长饰针固定，1835 年后逐渐回到基本高度，头顶的发髻又向后移动（图 4-95）。

（4）帽饰。19 世纪 20 年代末，女子开始把头发梳成高高的发髻，在帝政末期女帽“棒耐特”出现。随着帽山的升高，帽檐也逐渐变大，并使用鲸鱼须或铁丝支撑起来，蕾丝、缎带、羽毛和人造花装饰的帽子显得很浪漫（图 4-96）。与此同时，无檐的便帽开普和来自阿拉伯地区的塔帮也很受欢迎，开普主要用于白天，塔帮则主要用于搭配晚礼服（图 4-97、图 4-98）。

图 4-95　浪漫主义时期女子发型的不同表现

图 4-96　不同款式的棒耐特女帽

图 4-97　开普（1835 年）

图 4-98　塔帮（头巾）

（5）低跟高帮鞋。浪漫主义时期流行的轻骑兵靴和陆军卫兵长靴，通常高 15in（约 38cm）。1820 年底，男子和女子开始流行穿低跟高帮鞋，高帮鞋在踝关节上方 3in（约 7.6cm），鞋帮由本色布和皮革制成，鞋内侧系有鞋带，鞋尖又长又细（图 4-99）。19 世纪 40 年代中期以后，出现了有松紧布的便鞋。

（a）后跟

（b）内侧实物图

图 4-99　女子便靴

第五章
现代服饰

近代、现代和当代这三个词语容易被人混淆，根据不同的概念和划分，则有不同的解释和分类。学科与派别不同对这三个词也有不同的解释，本章主要采用中国文学界分法，即现代主要指1919年五四运动到1949年中华人民共和国成立这个时间段。

1919～1949年，经历了两次世界大战的洗礼后，整个社会价值体系有所动摇，甚至被颠覆，世界大战的爆发打破了19世纪的浪漫与古典主义风潮，给人们带来了前所未有的服饰变革。同时20世纪经济与科技文明的快速发展，使人们的生活方式发生了巨大的变化，这也进一步促进了服饰行业的发展以及服饰流行式样的传播。在这一时间段，涌现了众多服装设计师，他们的作品备受瞩目，并成为20世纪世界服饰史的重要组成部分，不论是中国还是西方，从此时起，服饰都进入了“现代化”风潮中。

第一节　中国现代服饰

1919～1949年这30年之间，中国经历了民族存亡的险要关口，民众思想的变革、五四运动的爆发、中国共产党的成立、抗日战争的胜利、国家政权的统一等，这些大大小小的事件都影响着中国现代服饰的变革。20世纪40年代后期中西文化价值的争夺，西方服饰文化（西装、大衣、衬衫、连衣裙、夹克等）的不断渗透，不仅促进了中国现代服饰的改革，也使中国传统服饰（中山装、旗袍、袄裙等）得到了改良，更符合中国人的习惯和审美。无论是从生活方式，还是对多元文化共存模式的探索，这些现代服饰的变革都有着非同一般的意义，它有助于我们每一个中华民族的个体理解那个特殊年代里，中华民族这个集体所经历的阵痛和涅槃。

一、1919～1929年

1. 20世纪20年代中国的政治、经济、文化背景

1919～1929年这10年的大部分时间中，中国都处在军阀混战的局面。北伐的脚步代表着历史的进步潮流，五四运动的爆发更是给当时的民众注入了崭新的意识，它虽看不见、摸不着，却深深影响着中国人此后数十年的意识走向（图5-1）。1921年中国共产党的成立也许不会让人联想到服饰上的变化，但中国共产党人倡导的简朴性、实用性也对服饰产生了颇深的影响。

（1）“运动”涌起。随着民族危机加深、社会矛盾激化，西方民主思想不断涌入中国，这也激起了众多爱国主义传播者、资产阶级民主革命者、反对北洋军阀独裁的斗争者接二连三地展

开了一系列“运动”。五四运动的爆发、中国共产党的诞生、国共建立革命统一战线、出师北伐、北洋政府签订《二十一条》等，无论是外交上还是在国内本土，西方民主思想因这些运动得到了进一步的传播，这其中包括剪辫、天足、天乳等全国范围内改造国人形象的运动。

图 5-1　五四运动期间上海南京路街头

（2）新思潮的启蒙。20 世纪 20 年代新思潮主要是新文化运动以及五四运动倡导的社会新思潮，通过“人的运动”进行思想变革，从而引发社会的进步与人的发展。这场启蒙思潮在前期是以西方资本为主的，表现为追求民主、科学的思想启蒙；后期陈独秀、李大钊以马克思主义为指导思想，对社会的政治制度以及结构做出了革命启蒙。无论是哪种形式，它们都是现代一部分人对社会的新认识，这种思潮的启蒙对当时以及以后中国服饰的形成、服饰形象的树立、服饰文化的构建等都有深远的影响。

2. 20 世纪 20 年代的中国服饰

在整个近现代的历史中，中国人的服装形制和形象不像以前那般固守传统，受西方民主思想的影响，服装上大胆采用了西方服装的先进之处，同时也不摒弃传统服装中精髓的部分，也因此造就了以中山装和改良旗袍为代表的新一代的中国服装。西装革履在当时是时髦的，但是中式长袍依然存在。受“运动思潮”的影响，学生、商人穿西装或中西合璧式服装居多，如学生装、中山装，工人以蓝布衬裤为标志。可见在当时的政治环境影响下，中国人的服装形象呈现一种并非悦目的多样性。

（1）20 世纪 20 年代的中山装。中山装在当时是一种含蓄大气、单纯质朴的服装，其本身就是西式剪裁和中国传统文化的一种成功的巧妙融合，成为这一历史时期给中国最深刻的烙印之一。辛亥革命的爆发不仅建立了新的政权，还伴随着新的意识形态确立，越来越多的民众呼吁服制改革，为了支持国货，倡导勤俭朴素的风气，孙中山先生便开始构思新式服装的样式，早期的中山装为九个纽扣，胖裥袋，口袋内可以装一些随身物品，具有较强的实用性。

1925 年孙中山去世，为了纪念他对中国革命的不朽贡献，因此将他设计的这套标志性的服装称为“中山装”，到 1929 年，中国国民党制定宪法规定了中山装的细节。首先是中山装前襟上区别于西装三个口袋的四个口袋，这四个口袋分别代表了礼、义、廉、耻；早期的九个纽扣更改为五个，象征着五权分立（行政、司法、立法、考试、监察）；袖口必须为三个扣子，这主要是孙中山提出的三民主义口号（民族、民权、民生）。由此，中山装也褪去了革命初期的朴素外观形象，开始与深厚的国学内涵联系起来，成为中国人能够接受的服装样式（图 5-2）。

（a）早期中山装

（b）改良后中山装

图 5-2　中山装

（2）旗袍。旗袍并不是在 20 世纪 20 年代发明的，最初旗袍是满族人的一种典型服装，后因满汉两族文化交融而渐渐脱离旗人的概念，并随社会制度及生活需要不断被改良。改良旗袍在 20 年代是社会发展的迫切要求，特别是女性积极参加工作、学习以及社交等活动，需要一种兼具礼仪和实用的新服装；加之西方现代文明的撞击，西式服装的造型、剪裁以及审美观的影响也促进了旗袍的改良。

改良旗袍袍身缩短至脚踝处，后来也逐渐缩短到膝盖下；袖子也是先向着肥大、肥口的样子发展，后来变成半袖，甚至有的连袖子都不要了；直筒马褂式的廓形改成有腰身，下端两侧开衩；领子、襟部也是不断变化。改良旗袍最大的特点就是利用无省的剪裁手法凸显女性腰身，展现曲线之美。

此外，旗袍的款式也是多样多变的，旗袍的造型，通过改变衣长、局部造型（领子、襟部、袖子）等，适用于不同场合、不同年龄段的女子。年长的女子会选用衣身较长、款式变化较少的来突出稳重，年轻的女子会选用衣身较短、款式新颖多变的来凸显年轻活力（图 5-3）。与长度相比，旗袍的开衩设计也是别有韵味，随着着装者的走动，女性修长的双腿在开衩间时隐时现，体现出一种朦胧的含蓄之美。但开衩过高会有诱惑之嫌，开衩过低影响活动，因此开衩的高低都有讲究。同样有讲究的还有领子和开襟。领子过高影响活动，领子过低无法显示气质与魅力。

马甲旗袍兴起于 1924 年，这种旗袍有无大襟和带大襟两种，衣长至脚踝上，比普通的旗袍略短，由于这种旗袍的两个袖子被去掉，所以它不能单独穿着，必须套穿，套穿时里面可搭配短袄、长裙或者其他有袖子的旗袍（图 5-3）。

（3）女学生装。可以说，女学生装是 20 世纪 20 年代最时髦的服装，女学生们敢于为风尚之先，大胆地穿出自己的个性与风格。民国初年，女学生是中国数千年来历史上第一批系统化、规模化、公开化掌握知识的女性，她们敢于求知、敢于热爱、敢于进取，这使得民国初年的女学生装具有不同的意义。女学生装上衣主要是蓝色或月白色布料制成，下装并不是素黑的，裙边上装饰了花边或者蕾丝，长度长达 90cm，远远超过了膝盖，甚至到了小腿的位置。白线袜搭配黑偏带布鞋，齐耳短发装扮，整体略显出腰身，同时不佩戴簪子、耳环、手镯等，在“运动”高潮期，更有女学生在左前襟缀一块布，布上写着“革命”两字。这是当时最常见的女学生装束，从头到脚都透露着新青年的风采。

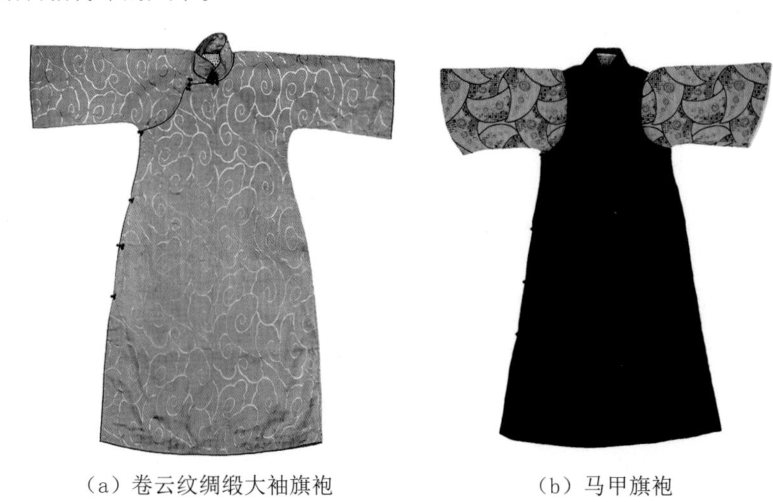

（a）卷云纹绸缎大袖旗袍　　（b）马甲旗袍

图 5-3　20 世纪 20 年代的旗袍

如图 5-4 所示，女学生装在当时代表的并不是一件衣服，而是一种着装风格，它背后反映的是五四运动以来女性抗争传统礼教的决心和行动，是一种“文明新装”。

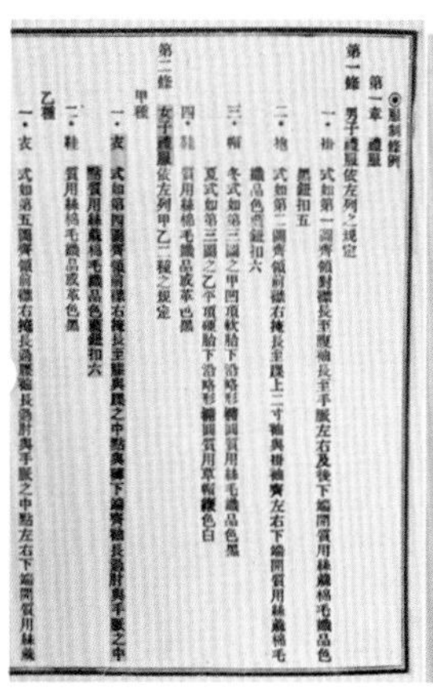

◉服制條例
第一章 禮服
第一條 男子禮服依左列之規定
一・褂 式如第一圖齊領對襟長至膝袖長至手脈左右及後下端開質用絲織棉毛織品色黑鈕扣五
二・袍 式如第二圖齊領前襟右掩長至踝上二寸袖與褂袖齊左右下端開質用絲織棉毛織品色黑鈕扣六
三・帽 冬式如第三圖之甲圓頂軟胎下沿略彎體圓質用絲毛織品色黑 夏式如第三圖之乙平頂硬胎下沿略彎體圓質用草辮色白
四・鞋 質用絲棉毛織品或革色黑
第二條 女子禮服依左列甲乙二種之規定
甲種
一・衣 式如第四圖齊領前襟右掩長至膝與踝之中點與褂下端齊袖長過肘與手脈之中點質用絲織棉毛織品色藍鈕扣六
二・鞋 質用絲棉毛織品或革色黑
乙種
一・衣 式如第五圖齊領前襟右掩長過膝袖長過肘與手脈之中點左右下端開質用絲織

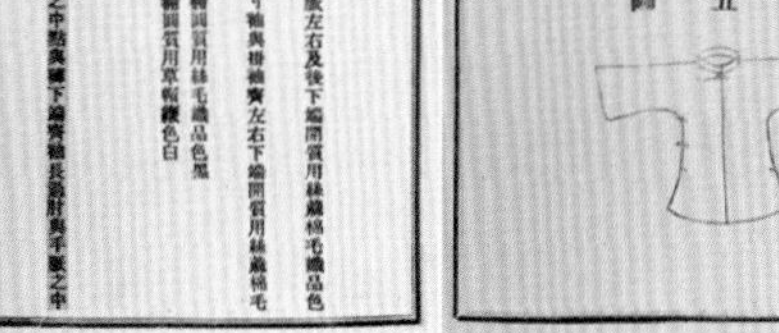

（a）女学生装　　（b）《制服条例》

图 5-4　民国女学生装

（4）西装。1919 年后，西装作为新文化和西方服饰文化的代表，冲击着中国传统的长袍马褂，在“洋务”和“求新”的影响下，西装得以流行。除中山装以外，西装因其自身具有的“西式风范”也被用作重要场合的礼服之一。款式上西装并没有太多改良，宽大的枪驳领是特色，内配有小马甲和衬衫，搭配一个简洁的领结和黑色皮鞋。西服的着装打扮主要集中在政、学、商这三类人群中，它的出现和流行一直影响到 21 世纪中国人的着装。到 21 世纪西装在中国得以普及，甚至出席重要活动、面试等都是非常重要的礼仪服饰（图 5-5）。

图 5-5　20 世纪 20 年代的西装

3. 20 世纪 20 年代的妆容特征

20 世纪 20 年代西方的妇女都以好莱坞明星的造型为模仿对象，此时也是卓别林无声电影的全盛时期，中国虽然也播放过卓别林的电影，但电影中夸张的化妆方式对中国女性影响不大。当时的中国女性化妆仍然着重于表现脸部的柔和神态、樱桃小嘴以及晕红的脸颊，配合细长且尾部上挑的眉形，展现出女性的温婉之美。王汉伦和杨耐梅是新时代女性形象的代表（图 5-6），其妆容也是当时人们追捧的化妆造型。

（a）王汉伦

（b）杨耐梅

图 5-6　20 世纪 20 年代追捧的化妆造型

二、1929 ~ 1939 年

1. 20 世纪 30 年代中国的政治、经济、文化背景

20 世纪 30 年代对于整个世界来说是一个经济萧条的时代，中国在这个时期处于战争时期，社会动荡不安，经济上也遭受到了严重打击。尽管如此，在有的沿海大城市里，崇洋媚外的思想

以及西式文化的影响仍在继续，与那些战乱地区相比，这里歌舞升平、纸醉金迷。也正因如此，欧美的时装、中国本土时装专刊（《良友》《三六九》等）在这些地区得以传播（图 5-7）。

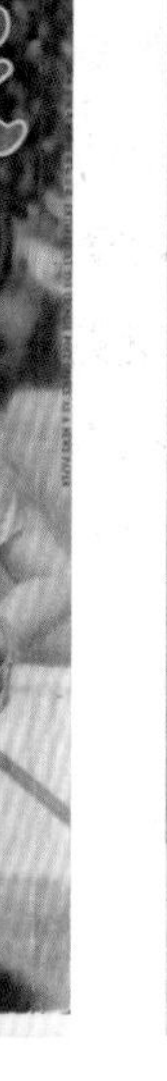

（a）《良友》封面

（b）众多电影杂志内页

图 5-7　中国本土专刊

20 世纪 30 年代中国的上海，男女打扮时髦，即使是国土沦丧、九州大半战火纷飞、生灵涂炭，上海依旧保持着孤岛般的平静，就连淞沪抗战在家门口爆发，也没能停止上海的灯红酒绿。这里的人们热衷一切西式活动，骑马、游泳，越来越崇尚西式服装的合体便利，这些狂热的追求也加快了服装的流行和改良的速度。抗日根据地的民众们用土布粗线织造的衣服与上海霓虹灯下的丝绸旗袍相比，显得略有些陈旧、臃肿，但这也体现了一个民族不甘沉沦的灵魂和骨气。

2. 20 世纪 30 年代的中国服饰

欧美时装在这个时间段慢慢传入中国，但并不像现在这么迅速，而是时隔一段时间之后，流行服装首先在上海兴起，因此上海毫无疑问地成为当时中国的时装中心，以至于当时女装曾有“海派”之称。同时，女性开始重视服装的搭配设计，装饰品由简入繁，变化万千；男子西装也越来越时髦，上海的各大报纸杂志上也出现了琳琅满目的服装，上海大华饭店举行各式服装表演，在这些因素的影响下，中国的时装业迅速发展。

（1）旗袍。旗袍的基本形制虽然简单，但也包含着极大的变化，且越来越凸显女性身材的曲线美。进入 20 世纪 30 年代后，旗袍的款式、色彩等变化的周期变得相当短，流行性越来越强（图 5-8）。1931 年前后，旗袍腰身逐渐缩小，开衩的部位上升（膝下升高至膝上）；1932 年后，旗袍衣长变长；1934 年，衣摆已长至地面。随着电影、电视剧、报纸杂志传媒的传播，旗袍开叉升高至臀下，我们目前在电视剧中看到的开叉高达胯部样式的旗袍，实际上是 50 年代演员或从事色情业的女子所穿。1937 年前，受上海摩登女郎和服装业者的影响，旗袍袖子变短，旗袍外形向流线型趋势发展，这也是因为审美情趣与世界流行的流线型趋势紧密结合。

（a）花卉纹丝绒双襟旗袍

（b）花叶纹蕾丝无袖旗袍

图 5-8　20 世纪 30 年代的旗袍

旗袍的配饰以及其他配套服装也变得讲究了起来。天凉时，旗袍需搭配西式外套或毛线织的对襟背心，再冷则要套一件裘皮大衣。旗袍的前襟可向两边开衩，也可以在前后开；领子、袖子部分开始出现中西合璧的荷叶式、开衩式和翻折式。与旗袍相搭配的还有高跟鞋，从 20 世纪 30 年代起，无论是中式旗袍还是西式长裙，脚上都是搭配一双高跟鞋。

（2）西装。到了 20 世纪 30 年代，西装基本摆脱了“离经叛道”的阴影，但是也被民众称为“崇洋媚外”的服装，款式上更接近时尚潮流，因此也赢得了年轻人的喜爱和追捧。与 20 年代的西装相比整体廓形相差不大，但是 30 年代最讲究的是必须要遵守西装的严格性（即整体搭配感）。因此，穿西装需要佩戴礼帽，脚上的皮鞋也要用鞋油刷得锃亮；上衣小兜里有一块手帕并且折叠得非常精致，颈部系着领带或领结。同时有条件的男士会配备各种装饰的领带夹、肩带、手表、金链等能炫耀财富的小配件（图 5-9）。

西装成了当时男子追求的时髦服装，有的甚至不惜花千金来置办一身质量上佳的西装，因此，上海静安路上也有许多著名的西装店。最有名的是欧洲人开的“CRAY”，它的价格比“罗蒙”贵好几倍，江浙奉化的“红帮裁缝”在上海也逐渐形成气候。那时的上海到处充斥着西装、洋货，另外，男子还会穿开衫外套、背心等，以及宽驳领、双排纽扣的西式大衣。

（3）小马甲。20 世纪 30 年代，不管是 10 多岁的小女孩还是 40 多岁的女性都喜欢穿着小马甲，这不仅是一种流行，也是人们审美改变的一种表现，更是追求时尚摩登的结果。如图5-10所示，小马甲的设计主要注重舒适、轻便以及显露体态这三方面。

（a）中分头及其他配饰搭配西装

（b）电影《歌女红牡丹》演员西装照

图5-9　20世纪30年代的西装

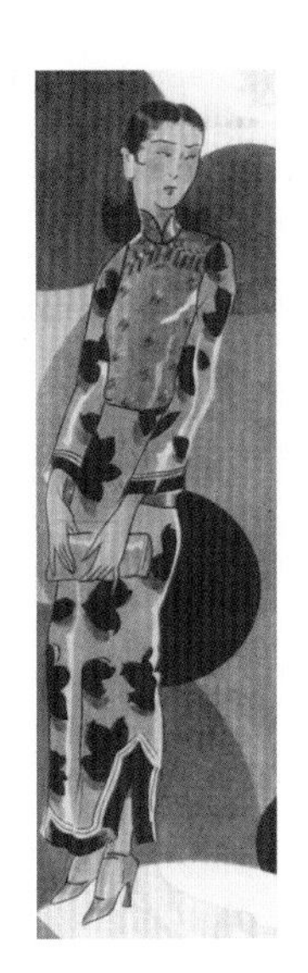

图5-10　各式各样的小马甲

（4）运动衣。运动衣在20世纪30年代逐渐兴起，慢慢成为一种时尚，人们根据不同的运动类别选择适合的运动服装（表5-1）。一般来说，运动衣以白色的素绸为主（素绸是取它的轻软，奔跑时在微风中自由飘荡，不但美而且适宜），大翻领搭配短袖结构做成衬衫，除了因为运动时方便，特别宽大以外，一切都与平常一样。裤子设计成灯笼裤，面料选用白斜纹，灯笼裤配备宽紧带，宽紧带可以随着着装者的需要来变动，一样地自由且好看，整体上给人的感觉是普通的、平常的，也是美丽的、适用的。

表 5-1 运动衣

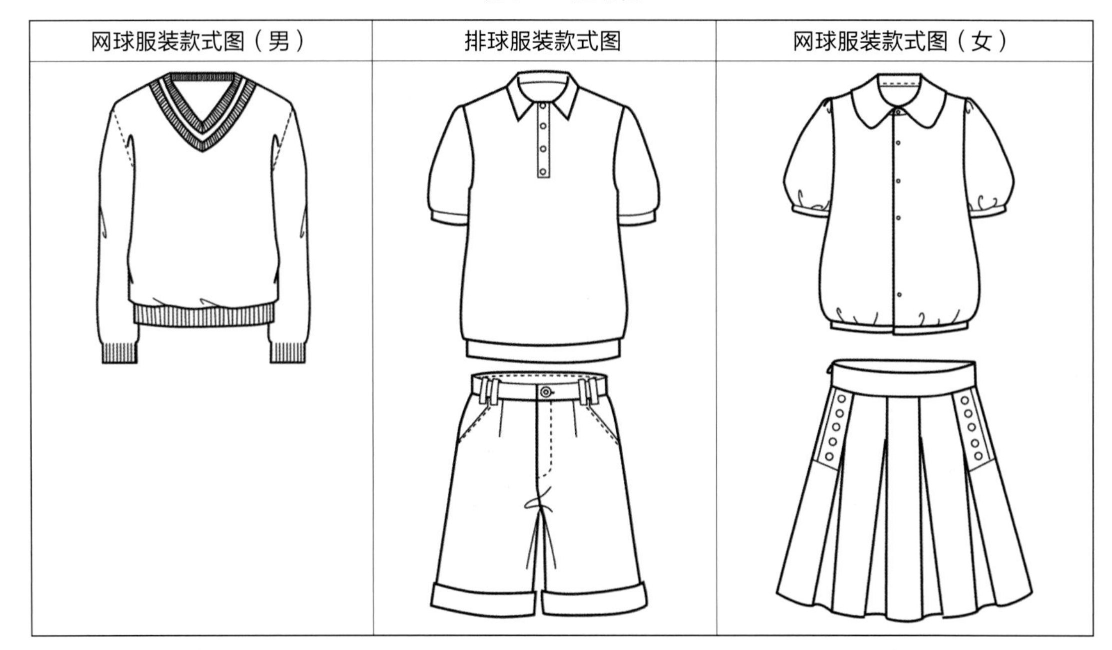

3. 20 世纪 30 年代的妆容特征

与 20 世纪 20 年代相比，30 年代的化妆技术已经有了明显的进步，但重点仍然表现在五官的柔美与立体感上，多用圆弧形的线条来表现女性的婉约之美，眉型上以优雅细致、纤细为主。发型主要是模仿当时电影中女明星的样式，演技生动自然的阮玲玉是当时炙热的影星之一，她那头波纹明显的卷发以及整体周旋覆盖的发型成为众人模仿的对象（图 5-11）。

图 5-11　20 世纪 30 年代的妆容（阮玲玉）

三、1939 ~ 1949 年

1. 20 世纪 40 年代中国的政治、经济、文化背景

（1）战火纷飞、水深火热。20 世纪 40 年代，中国仍处在战争不断的背景下，一方面是对抗日本侵略的抗日战争，一方面是国共对抗的国内战争，人们的生活水平低下。1939 ~ 1945 年，刚开始步入现代化进程的中国被日本的侵略中断，有限的现代化工厂被摧毁，民众可用来支配的收入和购买的服装大幅下降，因此出现了许多手工化服装。抗日战争结束后，男女老少的服装向西式的着装改变，紧接着是国共两党的对抗时期，直至 1949 年 10 月中华人民共和国成立。

（2）美国文化的渗透。20 世纪 40 年代后期，也就是抗日战争结束后，中国国民党政府依仗美国的支持发动内战，美国文化借助服装等在短时间内渗透到中国大大小小的城市，也进一步开拓了西方服装的市场。此时的欧洲遭受了第二次世界大战的“蹂躏”变得破败不堪，而实力中天的美国迅速取代了巴黎、伦敦等这些欧洲时尚城市对中国的影响，在大众心中，纽约、芝加哥等美国城市成了人们最向往和最时尚的地方。种种因素的融合促使美国文化、美式服装在中国的城市迅速蔓延开来。

2. 20 世纪 40 年代的中国服饰

（1）编织服装。20 世纪 40 年代流行穿绒线或毛线编织的服装，一直到 80 年代，手工编织毛衣依旧是中国女性业余生活的重要组成部分。在 20 世纪上半叶就有毛线的规模生产了，例如“抵羊”和“英雄”两大毛线生产厂家，穿着毛线编织的服装在 20 年代就已经露出苗头，到 40 年代已成普遍现象。毛线编织的衣服具有舒适、保暖性好、穿脱容易等优势，女性们除了编织衣服外，也编织帽子、围巾、背心等并广为流传。毛线编织的服装能穿在大衣里面起到很好的保暖作用，又能穿搭在旗袍、衬衫外面，护住前胸后背，既有休闲感也不失端庄的仪态，自然成为当时服装搭配中一道亮丽的风景线（图 5-12）。

图 5-12　毛线编织上衣

（2）美式服装。伴随着美军的到来，夹克以一种全新的服装风格在中国年轻人中传播开来。夹克源于美国空军制服中的军服，衣身长度及腰，下摆和袖口收紧，门襟采用拉链式闭合，通常采用皮革、卡其布作为主要面料（图 5-13）。尽管腰身收紧的夹克或其他美式服装并不适合中国人的体型，但它以一种极强的新鲜感赢得了青年人的青睐。一般穿搭方式为上身穿着新式夹克，内搭普通白衬衫，下着西式长裤和皮鞋。夹克这种军事用途的服装，经济且实用性强，在设计上有一定的合理性和优越性，这也成为当时青年人追求个性的标志，使得军用大衣、风衣等大翻领的美式服装在 20 世纪 40 年代后期的中国风靡一时。

（3）短外套。受美国文化影响，中国民众的服装在款式上也发生了较大的变化，一些年轻的女性抛弃了长衣大袖或上衣下裙的着装，穿起了西式的短大衣和西裤。男青年则特别喜欢美式“皮猴”，不同于夹克，“皮猴”是在短外衣的基础上缝制连身帽子，戴上帽子像皮猴一样（图 5-14）。

（4）新潮装。20 世纪 40 年代中国的新潮装有衬衫、斗篷大衣、连衣裙等。

① 衬衫。随着西服的全面普及，衬衫也成为新式服装，它可作为单品贴身穿着，也可与西装搭配，有长袖衬衫和短袖衬衫之分。与 20 世纪 30 年代的衬衫相比，40 年代衬衫的领子更长且领角更尖锐，胸口处的贴袋、袖子等也会使用同颜色但不同材质的面料进行拼接。在女装中，西式衬衫的领型变化丰富（方领、立领、圆领、关门领等样式），因其款式简单多变而受到大众

的喜爱（图 5-15）。

图 5-13　夹克

图 5-14　短外套（“皮猴”）

（a）翻领衬衫

（b）方领衬衫

（c）结带领衬衫

（d）搭配背带裤衬衫

图 5-15　20 世纪 40 年代的衬衫

② 斗篷大衣。在战争的影响下，军队中许多服装也成为政府官员、平民百姓追求的款式，特别是斗篷大衣。如图 5-16（a）所示，斗篷大衣整体为 A 字型，款式简洁大气，有毛领和无毛领之分，给人一种威风凛凛，一身正气且更具威严的感觉。

（a）斗篷大衣　　（b）连衣裙

图 5-16　新潮装

③ 连衣裙。20 世纪 40 年代流行的连衣裙与同时期的欧美连衣裙款式同步，长度在小腿中部，面料有棉、麻、绉纱、雪纺、绸缎等，图案上采用花朵、条纹、格纹等，抗日战争结束后它逐渐成为中国女装主要的品类之一 [图 5-16（b）]。在夏季它可单独穿或搭配衬衫、绒线衫，秋冬季则搭配大衣；外出参加舞会可佩戴项链、腰带、高跟鞋、手镯等，若是参加游园会还可搭配一把遮阳伞。

3. 20 世纪 40 年代的妆容特征

20 世纪 40 年代，战火纷飞导致物资匮乏，整体的社会风气也偏向于自然朴素，不会刻意显露财富，因此在妆容上也要符合质朴、朴实的感觉。女性的眉毛讲究自然柔和，眼影、眼线轻微带过不做夸张处理，且不会强调眼睛，但强调唇线，特别是通过唇线来突出丰满的唇型得到众人的追捧。整体上，40 年代的妆容比较的内敛（图 5-17）。

图 5-17　20 世纪 40 年代的妆容（欧阳沙菲）

第二节　西方现代服饰

西方服饰与东方服饰相比最根本的区别在于，西方服饰是立体结构的，东方服饰是平面结构的；前者是显露人体曲线美，后者是遮盖身体线条。19 世纪中期服装设计师的出现，使得西方服装款式丰富多彩，这也标志着西方服饰进入了近现代发展阶段。在西方现代文明发展史中，两次全球性战争的爆发，以及不可避免的经济危机，都不同程度地摧毁了人类创造的文明和财富，但是在既矛盾又统一中，西方服饰发展出了前所未有的多元性。其一是流行的多元性，巴黎不再是世界流行服装的中心；其二是风格和表现手法的多样性，中性化着装和多种风格并存。

20 世纪爆发了两次世界大战，使服装变得简单、实用，整体表现出明显的功能化和轻便化。第一次世界大战后，妇女在社会上取得了一定经济权，随着女权思想的普及和成熟，男女装之间的差异越来越小；而这种实用性的服装又在 30 年代被典雅、纤婉的女装风格取代；40 年代受青年人的影响，休闲服饰逐渐成为流行服饰，服饰流行日益多元化、平民化。在本节也必须提到一些有代表性的西方设计师，因为他们在当时引领了服饰潮流的变迁，他们的努力和成就促进了西方服饰进一步迈向了现代化的进程。

一、1919～1929 年

1. 20 世纪 20 年代西方的政治、经济、文化背景

1914 年第一次世界大战爆发直到 1918 年结束，此次战争除了美国以外，整个欧洲大陆几

乎没有真正的赢家，大部分国家都遭受到了战争的影响。就家庭而言，年轻男子不断奔赴战场，生产和服务行业很快就出现了人员不足的严重状况，许多人认为战争结束后一切都可以回到战前的样子，但实际已悄然无声地发生了翻天覆地的变化。

（1）女性地位的提高。按照常理来说，战争结束后女性应该高高兴兴地回归家庭，男人则继续操持外界的一切，然而事实上很多女性在经历了战乱和苦难考验后，发掘了自己潜在的不可思议的能量，她们能够肩负起原本属于男人的工作和责任，也能得到和男人一样的报酬和收益。如图 5-18 所示，战争后的女性纷纷走出家庭和厨房，她们眼界大开且越来越自信，走到各个岗位并很快掌握了各种技能，在参与社会劳动的同时也要求社会给予同样的尊重，女性有权利选择生活方式，有权利获得收入来源和支配收入。这些举动不仅提高了她们的社会地位，也对现代女装的发展产生了深刻的影响。

图 5-18　工厂中劳动的女人

（2）物质主义泛滥。第一次世界大战的结束，不仅对社会政治格局造成了影响，还给人们的生活观念带来了巨大的变化，人们目睹了战争的残酷和可怕，也清楚地知道即便手中掌握着大量的钱财、政权，即便生活无比幸福美满，一旦战争来临这些都可以瞬间化为乌有。谁也不敢揣测明天会是什么样子，谁也不敢想象下一次战争会在什么时候爆发，所以活在当下，自由享乐才是最聪明的选择。于是人们大肆挥霍钱财，一方面是对战争胜利的欢呼，另一方面也是对未来的不确定，这在很大程度上助长了物质主义的泛滥，奢侈、叛逆、混乱、疯狂、探索充斥着这个年代，这也造成了后来经济危机的爆发。

2. 20 世纪 20 年代的西方服装

美国在第一次世界大战中大发战争财，战后巴黎的时装店里充斥着富有的美国商人、演员、作家、艺术家等，他们不喜欢因循守旧的保守派服装，更希望服装能符合当下的审美，这也注定了服装系列的更新换代，以及诸如保罗·波华亥（Paul Poiret）一类的设计师被时代抛弃，新一代的设计师应运而生。

（1）男孩风貌。在这个时期出现了一种新的女性类型——男孩风貌，这大概是这 10 年来保罗·波华亥对女装做出的最大贡献。多少世纪以来，女装都在刻意强调曲线，甚至不惜损伤女性身体而突出女性特征，而在 20 世纪 20 年代女装却以突出男性特征为己任。

此时的女性已经走上社会、走进工厂，以往烦琐的着装根本就不能适应工作的需要，反而降低了工作效率，于是她们穿上功能性极强的男装，同时新女性把头发剪短，有意压平胸部，尽量把自己打扮成男人的模样。所以在 20 世纪 20 年代称她们为“女男孩”。“女男孩”的称呼来源于 1922 年维克托·玛格丽特（Victor Margueritte）写的一本小说《女男孩》，其中描绘的就是当时不依赖男性、独立自主的女性形象和解放时代。可可·香奈儿 [原名加布里埃·香奈儿（Gabrielle Bonheur Chanel）] 是 20 年代解放女性身体和思想的先锋，是“女男孩”的典型代表人物（图 5-19）。

图 5-19 “女男孩”着装方式

20 世纪 20 年代的女装腰部被放松，腰线位置下移到臀围线附近，平胸、瘦弱、松腰、束臀的男性化外观被称为“男孩风貌”，特别是英国和美国的女性，为了追求这样的外观而千方百计地节食减肥以及压平胸部。这样的穿搭风貌和形象在 20 年代是非常流行的，同时一些时装杂志也刊登了许多小头长身且消瘦的模特，现在的时装模特审美标准就是源于这个年代。

（2）宽松短裙。为了满足日常活动的需要，裙子的长度变得越来越短，裙装整体变得宽松舒适也是这个时期最大的变化，款式简单朴素。曾有设计师说长裙会再次卷土归来，但在 1927 年缩短到膝盖以上，宽松的短裙里是精力十足的“女男孩”。如图 5-20 所示，这样的短裙最能突出女性小腿的线条，此时的西方女性已经不会再为腿部的暴露而斤斤计较了。

图 5-20 流行的短裙

（3）功能化女装。女装在 20 世纪 20 年代由原来的身体适应服装造型的观念，改变为服装造型适应身体的观念，这种穿衣观念的改变也彻底改变了女装的整体造型设计。如图 5-21 所示，无论是裙装、上衣还是套装，衣服都越来越宽松，不会再勒紧腰部的腰带，不再完全表现女性曲线，宽松的服装方便女性活动和穿脱。款式上她们追求简单化的同时也注重功能的结合，去掉了烦琐的装饰，这完全体现了功能性对于这个时代的意义。

图 5-21　宽松的女装造型

（4）暴露的晚装。就晚装而言，这一时期的晚装裙子短小且暴露。在歌舞厅的服装中，晚装会更加暴露，因此有设计师借用半透明、透明面料进行大胆设计时，存在性暗示。款式上除了裙子短小外，领口也开得比较低，后领口有的会低到腰部，显露出更多的身体。如图 5-22 所示，在歌舞厅中或其他高端场所，为了搭配爵士音乐起舞，很多服装会在边缘线上使用流苏元素进行装饰，这样人们在舞动或者扭动身体的时候显得更加妖娆和灵动。

图 5-22　暴露的晚装

3. 20 世纪 20 年代的其他配饰与妆容

（1）假珠宝配饰。受香奈儿的影响，长长的珍珠项链在 20 世纪 20 年代广为流行，当然这些珍珠项链并不是用真珍珠来制作的，而是用替代品（假珍珠）穿成长链，这样方便人们将它在脖子上绕好几圈，同时还能调节珍珠项链的长度，最长的一圈可及腹部，如图 5-23 所示。这一时期人们重视的也不再是珠宝配饰的昂贵价值，更多的是它在身上的装饰效果，因此假珠宝配饰不仅在富人间流行，也在贫民间流行起来。

这一时期还流行长长的烟嘴，如图 5-24 所示，女性吸烟已经是普遍现象，这种夸张的烟嘴具有更浓厚的装饰性，且更能吸引他人的注意。

图 5-23　时尚假珠宝

图 5-24　长长的烟嘴

（2）粗笨舞鞋。如图 5-25 所示，20 世纪 20 年代鞋子的鞋跟不是很细也不是很高，这主要归因于舞蹈的流行，有的时候年轻女性会彻夜狂欢跳舞，所以鞋跟一定要舒服，不可过高也不能太细。高鞋帮也是为了跳舞而设计的，因此整体上鞋型比较粗笨，但穿着舒适。

图 5-25　粗笨的舞鞋

（3）小小钟形帽。这是一种形状如钟的帽子，帽山很深，帽檐短小，戴上后能把整个头部包裹起来，且与当时女性流行的短发相搭配（图 5-26）。由于帽子通常没有很长的帽檐，帽子紧贴头部至眉毛位置，很容易遮挡穿戴者的视线，因此偏头的姿势在这个年代非常流行。

（4）神秘和危险的妆容。这一时期女性面部的妆容不再是清纯的样子，她们学习电影中吸血鬼的装扮，人人都想变得神秘或危险从而吸引男性的注意。眼睛周围用大量的眼影粉，眼睛的轮廓描绘成杏仁形状，若是金色头发还需用绿色或者蓝色的眼影形成明显的对比。不论唇色适合不适合，嘴巴都要画得特别红，随身携带奢华、怪异的配饰，这样既能博得大家的关注，又凸显了自身的神秘与危险，如图 5-27 所示。

（a）钟形帽

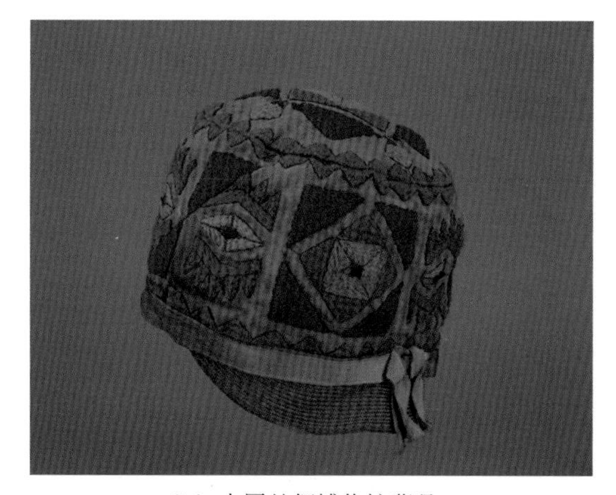

（b）中国丝绸博物馆藏品

图 5-26 小小钟形帽

图 5-27 20 世纪 20 年代的面部妆容

（5）重塑眉毛。这个时期最奇怪的妆容就是眉毛了，女性会把眉毛全部拔光后再重新描绘成一条细细的曲线，不论脸型是否合适，所有人的眉毛都是一模一样，如图 5-28 所示。

（6）樱桃小口和假睫毛。除了夸张的眼影、细长的眉毛外，这个时期女性的唇形也极其不自然。大家喜欢把嘴唇的形状往小画，口红也不会填满整个嘴唇的轮廓，而是填充 2/3 左右，重点在于突出唇峰，如图 5-29 所示。

为了突出眼睛迷人的效果，除了浓厚的眼影外，眼睫毛也成为重点夸张对象。为了迎合市场和女性的需要，伊丽莎白·雅顿发明了防水的睫毛膏，这就大大促进了假睫

图 5-28 画成一条曲线的眉毛

毛的流行。

（7）泡泡头发型。20世纪20年代，女性会把头发理成卷发，类似于泡泡一样的波浪卷，也称泡泡头（如图5-30）。泡泡头和钟形帽就是一对绝配，有的女性偷偷剪去长发后怕家里人不满，所以会把头发藏在帽子里，假装自己还有长头发。

图5-29　樱桃小口

图5-30　假小子的泡泡头

4. 20世纪20年代著名的服装设计师

（1）可可·香奈儿。可可·香奈儿被称为“永远的时装设计女王”，她的成就不仅在时装品牌的开发和创立上，她更是女性思想解放和女装解放的“功臣”。1915年她创办了自己的时装店，风格独树一帜，摒弃了一切复杂装饰物，从男装和男性运动中汲取灵感，简化复杂廓形，设计出新型中性女装风貌，同时设计出大量适合职业女性、具有革新意义的作品。

香奈儿的经典代表作有对襟两件和三件套装（图5-31），这种款式到现在都是风行不衰。

（a）女士经典套装

（b）针织开衫

图5-31　香奈儿的经典代表作

作为经典的香奈儿西装套裙，不收腰部，不夸张肩部，典雅简洁，穿着时佩戴围巾或小帽，这样的着装打扮到今天还是经典样式之一。在晚装上，香奈儿设计的“小黑裙”以其完美的极简主义风格，始终位于时尚前沿不曾过时（图 5-32）。香奈儿的设计更注重对衣服本身的考虑，她不喜欢过度的装饰，强调服装的功能性，无论是裙装还是裤装都没有任何拖沓的臃肿感。20 世纪 20 年代香奈儿的服装以及她个人在时装界的贡献，从某种程度上可与爱迪生发明电灯相提并论。

（a）小黑裙手绘　（b）小黑裙成衣

图 5-32　小黑裙

（2）玛德琳·维奥尼（Madeleine Vionnet）。玛德琳·维奥尼与可可·香奈儿是同时期的设计师，虽与香奈儿一样命途多舛，但她们在设计理念上是完全不一样的。维奥尼素有“裁缝师里的建筑师”之称，这是因为她在服装裁剪上的创新之举，她在时装界中最大的贡献是独创的“斜裁法”（图 5-33）。这种剪裁手法是利用布料的斜向组织进行裁剪，从而达到飘逸、悬垂又贴合人体的技术手法，一直沿用到今天。维奥尼设计的服装自然、漂亮、贴合人体，不借助任何纽扣、拉链，仅仅利用斜纹面料的伸张力，就可以轻易地穿脱，如图 5-34 所示。

图 5-33　45° 斜裁法

图 5-34　维奥尼的设计作品

与其他设计师不同的是，维奥尼打破了常规的打板制作样衣的方式，而是借助小型人体模型，将布料直接悬挂或缠绕在人体模型上进行裁剪，在这样的制作过程中能发现面料的特点同时创造最佳的着装效果。维奥尼经常用棱形、三角形的接合制作裙装的下摆，还有刺绣、抽纱、缝补等千变万化的多种处理手法。维奥尼对于色彩的兴趣不大，她的服装大多以单色为主，尤其是不同纯度的白色，她在装饰上喜欢手工刺绣，这些细节除了装饰服装之外，还有一个重要的功能，就是能够掩饰缝纫线，使服装整体呈现出“天衣无缝”的神奇状态。

二、1929～1939年

1. 20世纪30年代西方的政治、经济、文化背景

尽管20世纪30年代出现了波及全球的经济危机，但也为西方现代女装带来了典雅风格，促进了日后成熟优雅女装模式的形成，同时装饰艺术、超现实主义等多种新型艺术形式的崛起，不仅影响了当下的建筑风格，还对服装设计产生了一定影响。

（1）经济危机的影响。1929年10月24日，纽约股市暴跌，一场席卷全球的经济大萧条拉开了序幕，直到1933年，持续4年的经济危机才得以结束，这也使西方各个国家的经济遭受了严重的损失，甚至不亚于第一次世界大战的影响。经济危机最直接的影响是失业率的上升以及经济的低迷，人人都捂紧了钱包和口袋，美国经济的倒退使原来充斥在巴黎购买服装的客人基本销声匿迹，巴黎时装业遭受重击（图5-35）。

图5-35　寻求工作的民众

（2）电影、出版物的促进。这个时期人们追逐的不再是昂贵的高级时装，而是更多精神层面上的愉悦，也就是电影和出版物。电影在20世纪30年代成为影响全球的文化产品，也是传播流行服装的有力媒介，电影明星穿搭的服装、妆容、发型、仪态等都能成为人们追捧的对象。30年代对于时尚刊物来说，是一个从时装画向摄影艺术过渡的时期，从*VOGUE*等知名出版物刊登的作品来看，人们喜欢使用对比强烈的光影来表现人物形象，这种能更真实地描绘出个体的状态。

（3）新艺术形式的出现。1919 年，包豪斯艺术学院的建立推动了现代艺术的发展；1925 年，巴黎举行了装饰艺术展，催生了装饰主义运动。20 世纪 30 年代，很多设计都受到了这两种艺术风格的影响，如洛克菲勒中心大楼。30 年代还有立体主义、超现实主义的艺术形式（图 5-36），这些新艺术形式的出现和爆发，对 30 年代的服装设计做出了不小的贡献。

（a）达利《面部幻影和水果盘》

（b）毕加索《哭泣的女人》

图 5-36　新艺术形式

2. 20 世纪 30 年代西方服装的特征

（1）女装回归优雅。受经济危机的影响，失业率的增高也导致女性被迫离开工作岗位回归家庭，在某种程度上抑制了女权主义的流行；人们对流行于 20 世纪 20 年代的“女男孩”形象感到厌倦，转而更加追求具有女性味道的服装。因此，20 年代流行的短裙被抛弃，裙子长度在 30 年代再一次回到了小腿中部甚至更长。在外形上，服装强调修长、纤细、成熟、优雅的设计，注重腰部和肩部，突出女性前凸后翘的人体美，人们的审美也从躁动的物质中改为欣赏优雅、高雅的价值美（图 5-37）。

图 5-37　20 世纪 30 年代的优雅长裙

玛德琳·维奥尼的斜剪裁设计在这个时期非常受欢迎，斜剪裁的丝绸长裙既能突出裙子简洁的造型，又不太暴露；既能突出女性胸、腰、臀优美的曲线，又不过度张扬，在自然舒适的基础上流露出典雅和迷人。如图 5-38 所示，她推出了一系列以古希腊为灵感的悬垂式女装，女神造型成为当时流行的造型，无论在时尚杂志还是时装照片中都频频出现。

图 5-38 以古希腊为灵感的悬垂式女装

（2）白色晚装。20 世纪 20 年代流行的小黑裙到了 30 年代出现了物极必反的现象，白色晚装的出现恰恰让人眼前一亮，人们开始纷纷抛弃小黑裙转向了白色晚装。小黑裙出自香奈儿之手，白色晚装也是她的杰作，稍有不同的是，香奈儿的设计加上维奥尼的斜线剪裁手法，两者的结合就是当时最常见的晚礼服款式了。众多影视明星都很钟爱这款礼服。如图 5-39 所示，贴身的白色绸缎晚礼服显得穿着者身体凹凸有致，性感而突出。白色晚装的出现从另外一个角度来说，给沉重黑暗的经济危机带来一个新的设计特征：星光熠熠、炫目耀眼。

（3）裸露背部。20 世纪 20 年代的礼服是暴露的，以裸体暗示为基调，这样的服装风格不适合 30 年代追求高雅的女装样式。美国为了改善社会风气，制定了一系列政策，其中就包含对电影服装的规定，女演员的前胸不得有任何开叉的裸露。但设计师们认为性感还是需要的，既然规定了前面不准低开叉，那么可以通过后背的设计来展示女性的风情和韵味。因此，这一时期的晚礼服尽管前面都设计得严严实实，但是后背却有大量的裸露设计，如图 5-40 所示。此时，有人也觉得过低的后背会稍有不适，纷纷利用珍珠项链、布料大花等装饰品来转移人们的视线。玛德琳·维奥尼虽然是 20 年代后期成名的设计师，但她的作品在 30 年代依旧很流行，且顺应了 30 年代时代潮流的发展。在礼服后背设计中，只有她的开叉无需任何的装饰，自然地展现女性的后背。

（4）毛皮时尚。因为这个时期礼服、晚装大多是裸露背部、腿部和颈部，特别是裸露颈部，在寒冷的季节，为了保暖很多女性都会选择采用毛皮披肩，狐狸皮披肩和银狐皮披肩是最流行的。毛皮既是时尚的象征又是富有的表现，当时的经济环境不允许整身使用，所以毛皮主要作为镶边设计并大肆流行，即使是使用一小块的皮毛镶袖口、领口、裙子的下摆，都可以突显出着装者的身份地位和与众不同。

图 5-39　维奥尼设计的白色晚礼服

图 5-40　裸露背部的礼服

（5）内衣。随着“女男孩”风貌逐渐退出舞台，压胸式的内衣也被正常的内衣代替，不仅不会压平胸部，反而托举胸部，使其显得饱满和挺拔（图 5-41）。女性在这一时期强调腰部的纤细，因此再一次对女性的细腰有了要求，紧身胸衣虽再一次回潮，不同的是这一次采用了具有弹性的新材料——橡胶松紧带。

（6）泳衣。20 世纪初，女性没有合适的泳衣设计，因此想参加游泳还是非常困难的，有些女性会选择违背法律仅穿着内衣下水。到了 20 年代有一种护腿和袖子式的泳衣被评论专家接受，但仍然受到法律的禁止，到了 30 年代，随着日光浴的流行，泳衣也发生了革命性的改变。30 年代弹性纤维面料的发明为泳衣的改革提供了强有力的技术支持，女性终于用背带代替了袖子，裤腿越来越短，领口也设计得越来越低，这也是现代泳衣的诞生。如图 5-42 所示，杂志上也大肆刊登穿着现代泳衣的模特，这也开辟了现代健康裸露的新时尚。

图 5-41　有托举功能的内衣

图 5-42　刊登在杂志上的泳装

3. 20 世纪 30 年代的配饰与妆容

（1）配饰式样的增多。追求时尚是女性的本能，尽管经济危机限制了人们的消费，女性没有足够的金钱来更换整身服装或过于频繁地更换服装来彰显时髦，但为了表示自己没有被时尚淘汰，她们会通过其他服装配饰来衬托。20 世纪 30 年代服装配饰设计成为时尚重点，例如首饰、手包、帽子等都是时髦的焦点。20 年代香奈儿设计的假珍珠项链和仿珠宝配饰在此时依旧有一定的装饰地位，并且大量的女性有能力购买它。扁平的贝雷帽在这个时期开始出现。如图 5-43 所示，美国明星西尔维娅·西德尼（Sylvia Sidney）佩戴的一款带有羽毛装饰的套头帽在 30 年代非常流行，由于大量的帽子上都需要羽毛，间接导致了一些鸟类接近灭绝。同样受超现实主义的影响，帽子界也出现了非常耀眼的设计，艾尔莎·夏帕瑞丽（Elsa Schiaparelli）将飞鸟或高跟鞋作为帽子装饰（图 5-44），这些看似夸张，但都是人们喜欢的。

图 5-43　羽毛装饰的套头帽

图 5-44　超现实主义帽子

（2）妆容特点。20 世纪 30 年代人们都在追求优雅、典雅的形象，因此在妆容方面不会像 20 年代那样浓烈、夸张，女性希望自己像电影明星一样漂亮，既要符合服装的整体感觉又不失端庄的形象，妆容要求是精致的、自然的。如图 5-45 所示，这一时期眉毛不再被全部拔光后重新勾画，而是保留一部分并精致打理成细细的、弯弯的，眉头处稍粗、眉峰高挑、眉尾纤细。口红用专用的唇刷涂在嘴唇上，嘴唇形状是自然的，口红需涂满整个嘴唇。

（3）波浪发型。20 世纪 30 年代流行的是性感的金发女郎，金发在当时是极为流行的发色，许多女性会前往理发店要求把头发染成金色，且一定是有光泽感的金色。头发长度大多是齐肩半长发，烫成大波浪的整齐样式，为了穿戴帽子，靠近头顶的地方一般不会有明显的波浪，也不会有刘海，发型整体上显得很整齐、简单和流畅。

同时烫发机的出现，使得女性的发型出现了重大的变革，当时最时髦的发型是遮住耳朵，头发上半部分比较贴合头部，对下半部进行卷烫，有点外翻卷翘的样式（图 5-46）。

图 5-45　20 世纪 30 年代妆容

（a）爱德华式发型

（b）1935 年的时装插图

图 5-46　典雅的波浪发型

（4）苗条身材。此时苗条修长的身材依旧被大众追捧，但并不是 20 世纪 20 年代的平板式的身材，而是苗条修长的同时要凹凸有致，也就是前凸后翘，能够彰显女性的特质和有魅力的身材。女性不再是一味靠节食来保持身材，而是吃得健康，且积极地参加体育锻炼，喜欢健康的生活方式。

4. 20 世纪 30 年代著名的服装设计师

（1）艾尔莎·夏帕瑞丽（Elsa Schiaparelli）。1927 年夏帕瑞丽闯入巴黎时装界，她的成名作是一件针织毛线衫，最有意思的是胸前用儿童式涂鸦的蝴蝶结作装饰，且入选 *VOGUE* 杂志“年度最佳毛线衫”（图 5-47）。夏帕瑞丽一贯主张新奇刺激感，在她设计的作品中总有一些看似奇奇怪怪的装饰，但是又强烈、鲜艳、惊人，给当时的高级时装界注入了一股清新的溪流，使得服装更具艺术性和现代艺术的魅力。

夏帕瑞丽也被称为“时装界超现实主义设计师”，如图 5-48 所示，她常常把未来主义画家、超现实主义画家的作品作为图案直接印在面料上，在她的时装中有紫罗兰、罂粟红等野兽派画作般强烈的色彩，尤其是她那被誉为“Shocking Pink”（惊人的粉红）的作品（图 5-49）。出奇制胜、别具一格始终是夏帕瑞丽设计创作的中心思想，正是这些大胆和新奇的设计，使她成为第一个将拉链用在服装中的设计师，人们不禁惊讶原来可以“闪电般地扣完所有衣裳”。

图 5-47　第一款视错觉毛衣

图 5-48　超现实主义时装

（a）手稿

（b）夏帕瑞丽为电影《红磨坊》设计的戏服

图 5-49　“Shocking Pink”作品

20 世纪 30 年代中期，夏帕瑞丽的设计作品大量吸收了超现实主义元素，如用鞋子造型来设计帽子，给手套上装饰粉红色指甲，药片可以穿起来做成项链，抽屉可以做成服装口袋……任何材料到她的手上都被赋予了新的生机，重新诠释了材料的其他用途，她的设计利用超现实主义手法改变了服装原有的装饰形式。从另外一个层面来说，虽然她设计的服装看似怪异奇特但又不失高雅、不落俗套，也正因如此，她改变了 30 年代女性对于美的形象追求，满足了刚刚走出经济危机的人们对于服装奢华的渴望和对时尚求新求变的心理（图 5-50）。在巴黎，许多贵妇、世家淑女们觉得夏帕瑞丽的设计更有时代气息和艺术魅力，且更能体现她们的品位。

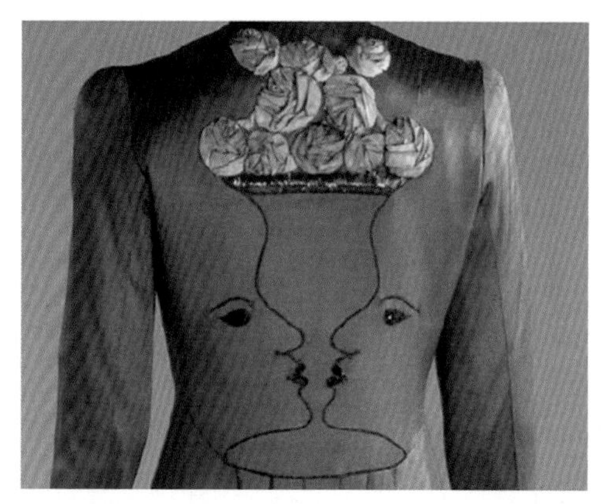

图 5-50　艾尔莎 · 夏帕瑞丽的设计作品

（2）尼娜 · 里奇（Nina Ricci）。尼娜 · 里奇在时装界有着“服饰的雕塑大师”之称，她的作品有着古典且极度的女性化特征，她不同于其他设计师以及品牌的革新，她注重服装中雅致细部的设计，这些细节并不会给服装增加累赘反而使服装更加轻便。尼娜 · 里奇的设计总是充满女人味，例如悬垂、打褶皱、露肩背和贴身服装等，她总能把女性装扮得艳而不俗、娇而不媚，在面料的运用和选取上也独具匠心，经常形成一个新的视觉焦点（图 5-51）。

（a）2020 春夏巴黎女装

（b）2021 春夏巴黎女装

图 5-51　尼娜 · 里奇的设计作品

三、1939～1949年

1. 20世纪40年代西方的政治、经济、文化背景

（1）第二次世界大战。1939年爆发的第二次世界大战，是历史上最激烈、最惨烈的一次战争，约有1.3亿人受伤，无数人流离失所，总共持续了6年，全世界约3/4的人口被卷入了此次战争中。这次战争让整个世界蒙受了巨大损失，其中包括经济损失、建筑毁坏、人员伤亡等，许多欧洲国家因为战争与经济的管制造成国内物资紧张，有的实施了物资配给制度，这在一定程度上对人们的生活造成了极大的影响。欧洲的文化生活每况愈下，剧场演出几乎停滞，众多艺术家纷纷背井离乡逃离战火地。战争给人类的精神与肉体带来了巨大的创伤，而在战争后，那些被压抑的、对美的追求和向往突然迸发出来，这种需求引领着人们进入时尚界另一个辉煌的时期。

（2）巴黎失去世界时装潮流中心地位。1939年9月第二次世界大战打响时，法国的时尚并没有受到任何影响，设计师们在1940年2月仍举办了时装发布会，许多买主依旧按惯例来巴黎采购新服装。1945年5月德国侵入法国并在6月末占领法国后，一大批品牌店为躲避战火纷纷打烊停业，时装发布会和对外服装贸易也不得不终止，这给法国时装业造成重创，直接或间接地导致巴黎失去世界时装潮流中心的地位。几乎同时，伦敦作为世界男装中心的地位也消失了。德国在占领法国期间，计划将巴黎时装界的设计师、技术工人等全部转移到维也纳及相邻地区，在巴黎时装协会主席鲁西安·勒朗（Lucien Lelong）的力争下才逃过一劫。勒朗是一名时装设计师，同时也是一个精明的商人，在巴黎被占领的时候，法国时装业正是在他高明的社交技巧以及缜密的心机下才得以保存，战争时期他们的顾客主要是纳粹军官的妻子或者与之有关的女性。

（3）战时配给制度。战争时期，大部分工厂被迫停工，生活物资极度匮乏，大部分国家都实施了战时配给制度，制作衣服的材料变得更紧缺。丝绸在当时是绝对的奢侈品，几乎买不到，特殊材料、珍贵面料都被军方征用去做武器设备，如降落伞。皮革、金属也是紧缺的一部分材料，因此许多做皮包的公司都改成做帆布包，扣子的使用也十分谨慎，甚至不采用扣子。

2. 20世纪40年代西方服装的特征

20世纪40年代的服装可以分两个时间段来进行阐述，一个是战时西方人的穿着，另一个则是战后的服装样式。

（1）战时服装特征

① 宽肩元素加入。与第一次世界大战相比第二次世界大战时很多女性也参与到战争中，美国在第二次世界大战之初就有200万女兵服役，并且快速增加到了4000万人。穿上军装后的女性流露出英姿飒爽的气魄，与依偎在男性身边的女人完全不一样，她们拥有着别样的“独立女性”风情，且这样的形象和保家卫国的情怀使大众女性着迷，甚至向往自己也能穿上一身潇洒的军装入伍。女性会把男性的西装借来穿，主要是因为那宽宽的肩膀能为女性增添许多自信（图

5-52），设计师们发现了这一趋势后，在女装中加入垫肩元素，宽肩搭配贝雷帽，最能体现那种潇洒、帅气的一面。有的还会通过夸张袖子来增加肩膀的宽度。军装中的众多元素都会用在日常服装中，这种女装在外形上强调直线，注重活动功能（图 5-53）。

图 5-52　宽肩服装

图 5-53　融入军装元素的服装

② 裙长缩短。裙子日渐缩短的原因有两种可能。其一是女装上衣普遍加长，且肩膀越来越宽，为了搭配这样的上装需要短小、紧身的裙子，因此长裙逐渐被短裙代替作为日常服装。其二是为了便于活动，此时裙子的长度大多在膝盖以下 10cm 左右，还通常采用对褶设计，显得整齐有致（图 5-54）。这样的改变同时也是为了适应战争的需要，当战乱爆发、战争打响时，这样的短裙比长裙更容易逃命。

图 5-54　日渐缩短的裙子

③ 服装简单化。战时普通的面料需要凭票供应，用来制作服装的面料被设计师们利用得“淋漓尽致”，整体用料以节省为主，因此服装也塑造出了一种“极简主义”风貌：翻领能做小就不要做大，最好是不要领子；贴袋、口袋减少，尽量不使用；衣摆几乎被取消，衣身变得紧身、短小、贴身。服装在简单的同时被设计得更加注重服装本身的实用性，这种简约和实用主义也不经意地加快了服装现代化的步伐。

④ 耐穿材质受到欢迎。由于服装面料的紧缺，人们开始关注面料的结实和耐用程度，一些天然、舒适、耐磨的材料在此时引起了广泛关注，如咔叽布、条绒布等，其中最有名且最受欢迎的就是牛仔布了，它经洗、耐磨。战争期间，美国许多工厂的制服为了结实耐穿，都采用牛仔布来制作。牛仔布在当时比较单一，颜色以蓝色为主，也没有做任何的褪色处理，直到后来牛仔布才逐渐变化丰富，至今，它已经是人们衣橱里最常见的面料之一。

⑤ 旧物改造成服装。战时配给制度的执行，使得很多家庭都得不到足够的面料来制作服装，因此改造旧衣就成了每个家庭妇女必备的技能之一。如图 5-55 所示，她们利用自己的一双巧手将男装改造成女装，女装改造成童装，旧的窗帘、床单改造成裙子，甚至用这些旧物来制作婚纱等。全世界的妇女都秉持着“新三年、旧三年、缝缝补补又三年”的观念，原来高高在上的时装杂志见此情形，也放下了以前的身段，转向教大家如何进行旧衣改造、如何织制毛衣等。战时的生活枯燥，还要因飞机轰炸而躲进防空洞，有时一待就是几个小时，闲暇无聊又不甘心白白浪费时间的妇女们会选择织毛衣来度过防空洞里的生活。

⑥ 尼龙袜的奢望。尼龙产生于 1935 年，由美国人发明，但是人们没有发现它真正的实用价值在哪，或者说不知道怎么去利用它，直到后来人们才进一步发现尼龙纤维拥有很好的弹性和牢固度，就用它来代替真丝长筒袜。1939 年用尼龙制作的丝袜在纽约世界博览会上一经亮相，就立刻引起全世界女人们的轰动，它不仅弹性大、结实，还具有反光的效果，穿上后女性的腿显得更有光泽、更结实（图 5-56）。起初一双尼龙丝袜需 2 美元，作为时髦和权威的象征，女人们会争破头皮进行哄抢，据说仅在 1939 年一年就卖掉了 640 万双。

图 5-55　用废弃材料制作的新衣服

图 5-56　穿尼龙丝袜的女性

由于战事不断推进，尼龙瞬间成为战略物资，女性在短暂地感受了尼龙丝袜的魅力后就失去了它，并开始了漫长的等待，直到战争结束后再次回归市场，而在它回归时一天之内就卖出 7.2 万双，可见女性对它的奢望程度。

（2）战后服装特征。在战争后的 1945 年初，人们急于从战争的创伤中恢复过来，特别是法国巴黎，为了重振巴黎世界时装中心的雄风地位，设计师们纷纷推出了一些非常女性化的春夏时装，这些款式整体上较为圆润，棱角较少，强调胸、腰、臀的比例，突显女性韵味。与战时的服装相比，战后女装的肩部很少用垫肩了，主要是为了避免男性化的感觉，为此设计师们还通过设计窄腰长裙的新款式来吸引顾客的眼光（图 5–57）。“新风貌”服装出现在第二次世界大战后，这是法国时装设计大师克里斯汀・迪奥（Christian Dior）设计的一款全新的服装款式。他平缓了自然肩线，收紧腰部，裙子宽大，裙长至小腿，整体外形优雅有女人味（图 5–58）。

图 5–57　战后服装

（a）设计手稿

（b）“新风貌”服装

图 5–58　迪奥设计的“新风貌”服装

3. 20 世纪 40 年代的其他配饰与妆容

（1）夸张的配饰。第二次世界大战期间，女装整体最大的特征就是两头重、中间轻，服装的款式比较简单，但是配饰却是夸张、复杂的。

① 装饰繁多的帽子。配给制度下制作服装的面料难以获取，但是用来装饰帽子的小材料收集起来相对来说比较容易，比如零星的皮草、小块的面料、羽毛等，所以外观上帽子就被这些剩下的、花里胡哨的零碎装饰物堆积起来了。此时的女性喜欢盘发，帽子也是必不可少的装饰物，高高耸起的帽子正好能映衬女性端庄、坚强的形象，显示女性身姿的挺拔（图5-59）。

图5-59　不同装饰物组成的帽子

② 坡跟鞋。与装饰过剩的帽子相搭配的是越来越高的坡跟鞋。用来制作鞋子的皮革和金属材料被限制，也只好选用木质材料制作鞋跟，过高的木质坡跟会显得鞋子特别笨重，所以木质松软的软木更受欢迎。

（2）妆容特点。在艰苦奋斗的战时，巴黎的女性依旧保持着精神饱满的状态，唇红齿白、容光焕发，用法国国旗的蓝、白、红的色彩来突出民族气质（图5-60）。化妆不仅给女性带来自信，还能鼓舞前方的战士，提高他们的战斗斗志，美国就曾把化妆品当作支撑国民精神的“秘密武器”，越是困难，化妆就显得越重要。

图 5-60　1942 年巴黎杜乐丽花园，参加巴黎时装周的法国女模特

20 世纪 40 年代的社会环境对女性妆容影响较大，要求女性显得比较温和，化妆的重点在于显示青春和亮丽，塑造坚强、善良的女性形象。眉毛作为能够展现女性形象的重要要素之一，在此时明显比战前有所加粗，尽管眉毛变粗了但是形状却是弯曲的、温柔的，而略微上挑的形状也暗示了女性坚强不屈的心态。这一时期唇形明显饱满了许多，化妆时先将唇线勾勒完整，且唇线比实际嘴唇真正的边缘线要大，再用鲜艳的口红将其填满（图 5-61）。

图 5-61　20 世纪 40 年代的妆容

（3）不拘一格的发型。第二次世界大战后的女性发型不拘一格，这主要分为两个年龄段。一类是成年妇女，因战争时上班的女性大幅增加，工厂要求女工不得披头散发，因此她们会把头发梳拢到头上高高地盘起来，盘发的好处是既可以不用经常打理还可以节约生活成本。另外一类则是少女了，她们通常是追求流行与时髦的，发型是大波浪的烫卷，前额处用发胶固定，后部呈 S 形（图 5-62）。

图 5-62　20 世纪 40 年代各种造型的卷发

（4）为腿化妆。尼龙被征为军需品后，尼龙丝袜变得日渐稀缺和珍贵，失去了尼龙丝袜的女性面对越来越短的裙子和裸露的小腿，开始在自己的腿上绘制袜子。比较流行的方式是在后腿上画出一根类似丝袜的缝纫线，为此化妆品公司还开发出一种特殊的化妆笔，可以画得特别逼真。另外一种方法就是在腿上涂抹化妆油，显得好像穿了尼龙丝袜一样有光泽。伊丽莎白·雅顿公司还专门开发出了“200 号油彩”，它基本防水，非常可靠，在雨雪中都不会被冲掉。

4. 20 世纪 40 年代设计师

1947 年 2 月，克里斯汀·迪奥（Christian Dior）在巴黎推出了他的第一批革命性的系列服装——“花冠”系列，一经推出就一鸣惊人。如图 5-63 所示，“花冠”系列具有柔和的肩部，纤细的袖子，以及通过束腰构架出的细腰，强调胸腰曲线的对比，迪奥使用了大量布料来塑造服装的圆润和流畅的线条感，搭配上长手套、圆形帽子、肤色丝袜以及细跟高跟鞋等，营造出一种极具柔美、典雅的女性韵味。人们为这个系列疯狂的原因不仅是因为它那梦幻般的廓型和女人韵味的魅力，更夸张的是一件衣服就要用 22.8m，甚至 73m 的布料，这对在第二次世界大战配给制度下的人来说，简直就是一种极限挑战。媒体称之为“New Look”风貌。迪奥也以此踏上了他光辉的时装历程，直到 1957 年他逝世为止。

“New Look”风貌的确为战后的欧洲服装削弱了一些压抑和灰暗的情调，并将快乐和美好重新带回来，随着迪奥的设计作品的不断推出，巴黎也重新受到了世界的关注，1956 年，法国政府还授予了他“荣誉勋位团”勋章。在以后的整个 20 世纪 50 年代里，迪奥都是主宰世界时尚潮流的顶级设计师之一。

迪奥的设计对后世影响深远，哪怕是现在也是叹为观止的作品，其中最为突出的是他一直在尝试以外造型线来把握服装设计的整体形象，且创造了多种经典造型。他把服装造型作为一个可以不断塑造的、立体的空间造型来对待，设计原理与文艺复兴时期的服装造型方法相通。迪奥更强调女性造型上的典雅美和曲线美，这也是当时不曾有过的。在服装的命名上，迪奥最初喜欢用事件、英文地名来命名他的时装系列，后来也改成了用英文字母来命名，也就是我们目前熟知的A形、H形、O形等，这样能够很快了解每个系列时装造型的特点。

图5-63 “花冠”系列

参考文献

[1] 李正，徐崔春，李玲，等. 服装学概论 [M]. 2 版. 北京：中国纺织出版社，2014.

[2] 贾玺增. 中外服装史 [M]. 上海：东华大学出版社，2018.

[3] 吴妍妍. 中外服装史 [M]. 北京：中国纺织出版社，2020.

[4] 张竞琼，孙晔. 中外服装史 [M]. 合肥：安徽美术出版社，2012.

[5] 沈从文. 中国古代服饰研究 [M]. 北京：商务印书馆，1981.

[6] 陈东生，甘应进. 新编中外服装史 [M]. 北京：中国轻工业出版社，2010.

[7] 黄能馥. 中外服装史 [M]. 武汉：湖北美术出版社，2002.

[8] 徐仂，龚振宇. 中外服装史 [M]. 南京：南京大学出版社，2019.

[9] 赵春华. 时尚传播 [M]. 北京：中国纺织出版社，2013.

[10] 史亚娟. 西方时尚理论注释读本 [M]. 重庆：重庆大学出版社，2016.

[11] 郭平建. 中外服饰文化研究 [M]. 北京：中国纺织出版社，2018.

[12] 周霞. 中外设计史 [M]. 湘潭：湘潭大学出版社，2019.

[13] 张竞琼，蔡毅. 中外服装史对览 [M]. 上海：中国纺织大学出版社，2000.

[14] 张竞琼. 现代中外服装史纲 [M]. 上海：中国纺织大学出版社，1998.

[15] 李当岐. 西洋服装史 [M]. 2 版. 北京：高等教育出版社，2005.

[16] 吴妍妍. 西洋服装史 [M]. 北京：中国纺织出版社，2018.

[17] 华梅. 人类服饰文化学 [M]. 天津：天津人民出版社，1995.

[18] 华梅. 中国服装史 [M]. 北京：中国纺织出版社，2018.

[19] 华梅. 服饰与中国文化 [M]. 北京：人民出版社，2001.

[20] 华梅. 古代服饰 [M]. 北京：文物出版社，2004.

[21] 周锡保. 中国古代服饰史 [M]. 北京：中国戏剧出版社，1984.

[22] 华梅. 中国服饰 [M]. 北京：五洲传播出版社，2004.

[23] 华梅，等. 中国历代《舆服志》研究 [M]. 北京：商务印书馆，2015.

[24] 朱谦之. 中国哲学对欧洲的影响 [M]. 北京：商务印书馆，1985.

[25] 沈福伟. 中西文化交流史 [M]. 上海：上海人民出版社，1985.

[26] 罗塞娃，马蒂耶. 古代西亚埃及美术 [M]. 严摩罕，译. 北京：人民美术出版社，1985.

[27] 尼阿马特・伊斯梅尔・阿拉姆. 中东艺术史 [M]. 朱威烈，郭黎，译. 上海：上海人民美术出版社，1985.

[28] 李当岐. 17 ~ 20 世纪欧洲时装版画 [M]. 哈尔滨：黑龙江美术出版社，2000.

[29] 上海市戏曲学校中国服装史研究组. 中国历代服饰 [M]. 上海：学林出版社，1984.

[30] 王家斌 . 华夏五千年艺术・雕塑篇 [M]. 天津：杨柳青画社，1995.

[31] 王家斌，王鹤 . 中国雕塑史 [M]. 天津：天津人民出版社，2005.

[32] 威廉・A. 哈维兰 . 当代人类学 [M]. 王铭铭，等译 . 上海：上海人民出版社，1987.

[33]W・顾彬 . 中国文人的自然观 [M]. 马树德，译 . 上海：上海人民出版社，1990.

[34] 约翰・拉依内斯 . 艺术家与人体解剖学 [M]. 左建华，张晖，编译 . 天津：天津人民美术出版社，1991.

[35] 张少侠 . 欧洲工艺美术史纲 [M]. 西安：陕西人民美术出版社，1986.

[36] 乔治娜・奥哈拉 . 世界时装百科辞典 [M]. 任国平，李晓燕，等译 . 沈阳：春风文艺出版社，1991.

[37] 华梅 . 璀璨中华 [M]. 北京：中国时代经济出版社，2008.

[38] 华梅 . 中国近现代服装史 [M]. 北京：中国纺织出版社，2008.

[39] 王鹤 . 服饰与战争 [M]. 北京：中国时代经济出版社，2010.

[40] 华梅，王鹤 . 工艺美术教育 [M]. 北京：人民出版社，2008.

[41] 徐华龙 . 民国服装史 [M]. 上海：上海交通大学出版社，2017.

[42] 王鸣 . 中国服装史 [M]. 上海：上海交通大学出版社，2013.

[43] 赵刚，张技术，徐思民 . 西方服装史 [M]. 上海：东华大学出版社，2019.

[44] 张竞琼，曹彦菊 . 外国服装史 [M]. 上海：东华大学出版社，2018.

[45] 刘瑜 . 中西服装史 [M]. 上海：学林出版社，2012.

[46] 布兰奇・佩尼 . 中西服装史 [M]. 徐伟儒，译 . 沈阳：辽宁科学技术出版社，1987.

[47] 原田淑人 . 中国服装史研究 [M]. 常任侠，等译 . 合肥：黄山书社，1988.

[48] 卞向阳 . 中国近现代海派服装史 [M]. 上海：东华大学出版社，2014.

[49] 潘鲁生 . 中国服装史 [M]. 北京：清华大学出版社，2013.

[50] 穆慧玲 . 西方服装史 [M]. 上海：东华大学出版社，2018.

[51] 冯泽民，刘海清 . 中国服装发展史 [M]. 北京：中国纺织出版社，2017.

[52] 罗玛 . 服装的欲望史 [M]. 北京：新星出版社，2010.

[53] 千村典生 . 图解服装史 [M]. 孙基亮，陆凤秋，译 . 北京：中国纺织出版社，2002.

[54] 袁仄 . 中国服装史 [M]. 北京：中国纺织出版社，2005.